本书系重庆市社会科学规划重点项目
“网络空间意识形态安全治理体系研究”（项目编号：2017ZDYY14）的研究成果。

西南政法大学新闻传播学系列丛书

网络空间意识形态安全治理体系研究

RESEARCH ON
THE SYSTEM OF CYBERSPACE IDEOLOGICAL
SECURITY GOVERNANCE

张治中 著

社会科学文献出版社
SOCIAL SCIENCES ACADEMIC PRESS (CHINA)

摘　要

当前，世界正经历百年未有之大变局，网络空间的意识形态斗争错综复杂，西方敌对势力经常利用网络空间散布错误舆论，企图制造思想混乱，破坏我国网络空间意识形态安全。为此，我们必须将网络空间意识形态安全作为新时代国家安全的重要内容之一，在网络空间开展必要的舆论斗争，切实维护我国网络空间的意识形态安全。

本书首先探索网络空间意识形态交流、交锋、交融的虚拟时空环境因素，将意识形态安全治理理解为网络“意见市场”的调控；其次对网络空间意识形态安全治理的客体进行分类，辨别网络“意见市场”的言论属性，区分意识形态言论与一般言论，对意识形态言论再区分为西方意识形态渗透言论与非法舆论活动，在分类研究的基础上构建分级分类治理的理论体系；再次从网络空间意识形态安全治理的主体、机制、路径三个层面构建中国网络空间意识形态治理的理论体系；最后将目光投向境外，探索国际网络空间意识形态安全治理经验对中国的启示。

目录 CONTENTS

第一章 绪论

CHAPTER I

西方话语中的意识形态（Ideology）一词最早来自法国哲学家特拉西（Destutt de Tracy），特拉西想要建立一门名为“意识形态”的新兴学科，他心目中的“意识形态”仅指一种观念科学。人们依据该学科可以“把握人性，尽可能地减少烦恼”，并“根据人的需要和意愿来安排社会和政治秩序”。[①] 实际上，特拉西所谓的观念科学并没有建立起来，现代意义上的意识形态也并非指观念科学，而是指一套思想或理论体系。即“以政治、法律、道德、哲学、艺术、宗教等具体的社会意识形式表现出来的，代表某一阶级或集团的根本利益并为其服务的系统化的思想体系”。[②] 现代意义上的意识形态是统治阶级利益的思想理论表达。马克思、恩格斯将意识形态视为与“经济基础”对应的“上层建筑”，并认为经济基础决定上层建筑，恩格斯指出：“每一时代的社会经济结构形成现实基础，每一个历史时期由法律设施和政治设施以及宗教的、哲学的和其他的观点所构成的全部上层建筑，归根到底都是应由这个基础来说明的。”[③]

意识形态安全是指国家的主体意识形态免遭威胁的相对稳定状态。意识形态安全是国家安全的核心内容，“关系我们党的执政地位和执政安全，关系国家安危、民族存亡和百姓福祉”。[④] 作为一种思想体系，意识形态的目标是社会成员的认同，在这个意义上，国家意识形态安全是国家全体社会成员的认同。由于全体成员数量巨大，利益与思想多元，要求整齐划一的全员意识形态认同是很难做到的，因此意识形态的安全只能追求一种绝

---

① 申小翠：《“意识形态”概念的历史流变》，《中国社会科学院研究生院学报》2006 年第 4 期，第 37 页。

② 刘祎：《意识形态安全：政治安全的灵魂》，《新乡师范高等专科学校学报》2006 年第 3 期，第 33 页。

③ 《马克思恩格斯全集》第 19 卷，人民出版社，1963，第 225 ~ 226 页。

④ 曹建文：《夯实意识形态安全的思想基础》，人民网，2016 年 11 月 29 日，http：//theory.people. com. cn/n1/2016/1129/c40531 - 28905006. html。

大多数社会成员认同的状态。马振超认为，“意识形态安全并不是要求全体社会成员思想认识上的安全一致，而是要求有共同的价值观念和价值取向，共同的法律和秩序意识，要求政治的、宗教的、思想的个性和差异从属于共同的价值观和秩序观”。①

① 马振超：《转型期的意识形态安全与政治稳定》，《公安大学学报》2001 年第 3 期，第 37 页。

第一节　研究背景

随着互联网技术的进步，当前互联网（包括移动互联网）开始成为人们日常生活中须臾不可分离的一部分。随着意识形态传播、交锋的主阵地转移到互联网空间，维护意识形态安全的主阵地也转移到了互联网空间。网络空间意识形态安全成了意识形态安全问题的主要组成部分。当前，网络空间意识形态安全领域机遇与挑战并存。

首先，我国对意识形态工作与意识形态安全问题高度重视。

2013 年 8 月 19 日，习近平总书记在全国宣传思想工作会议上的讲话中强调，"经济建设是党的中心工作，意识形态工作是党的一项极端重要的工作"。[①] 在随后的其他讲话当中，习近平总书记也多次强调了意识形态工作的重要性，如 2017 年 10 月，习近平总书记在党的十九大报告中也专门谈到了意识形态工作，并要求"加强党对意识形态工作的领导"，"牢牢掌握意识形态工作领导权"。[②]

同时，党和国家对国家安全也极为重视。2013 年 11 月，党的十八届三中全会通过了《中共中央关于全面深化改革若干重大问题的决定》，该决定从经济安全、生态安全、文化安全等多个方面对"国家安全"提出要求，并决定"设立国家安全委员会，完善国家安全体制和国家安全战略，确保国家安全"。针对互联网领域的国家安全问题，该决定指出，"坚持积极利用、科学发展、依法管理、确保安全的方针，加大依法管理网络力度，加快完善互联网管理领导体制，确保国家网络和信

① 《习近平谈治国理政》，外文出版社，2014，第 153 页。

② 习近平：《决胜全面建成小康社会 夺取新时代中国特色社会主义伟大胜利——在中国共产党第十九次全国代表大会上的报告》，人民网，2017 年 10 月 27 日，http://cpc.people.com.cn/19th/n1/2017/1027/c414395-29613458.html。

息安全”。①

此后，党和国家对国家安全问题日益重视。2015 年 7 月 1 日，第十二届全国人民代表大会常务委员会第十五次会议通过《中华人民共和国国家安全法》，该法第二十三条专门规定了意识形态安全相关内容，“国家坚持社会主义先进文化前进方向，继承和弘扬中华民族优秀传统文化，培育和践行社会主义核心价值观，防范和抵制不良文化的影响，掌握意识形态领域主导权，增强文化整体实力和竞争力”。第二十五条则明确规定了网络安全相关内容，“国家建设网络与信息安全保障体系，提升网络与信息安全保护能力，加强网络和信息技术的创新研究和开发应用，实现网络和信息核心技术、关键基础设施和重要领域信息系统及数据的安全可控；加强网络管理，防范、制止和依法惩治网络攻击、网络入侵、网络窃密、散布违法有害信息等网络违法犯罪行为，维护国家网络空间主权、安全和发展利益”。

2016 年 11 月 7 日，全国人民代表大会常务委员会颁布《中华人民共和国网络安全法》，该法第一条开宗明义地指出，“为了保障网络安全，维护网络空间主权和国家安全、社会公共利益，保护公民、法人和其他组织的合法权益，促进经济社会信息化健康发展，制定本法”。同年 12 月 27 日，国家互联网信息办公室发布《国家网络空间安全战略》，明确提出“网络主权”概念，“网络空间已经成为与陆地、海洋、天空、太空同等重要的人类活动新领域，国家主权拓展延伸到网络空间，网络空间主权成为国家主权的重要组成部分”，因而要“加快构建法律规范、行政监管、行业自律、技术保障、公众监督、社会教育相结合的网络治理体系”。

其次，我国网络空间意识形态安全面临严峻挑战。

境外敌对势力通过网络空间传播所谓“普世价值”、新自由主义等西方社会思潮，利用网络攻击我国政治制度、意识形态，侵蚀社会主义核心价值观。同时，境内外敌对势力相互勾结，打着“维权”等旗号，在网络空间煽动群体性事件，严重威胁我国意识形态安全。

2014 年 10 月 5 日，习近平在《意识形态关乎旗帜关乎道路关乎国家

---

① 《中共中央关于全面深化改革若干重大问题的决定》，人民网，2013 年 11 月 15 日，http：//cpc. people. com. cn/n/2013/1115/c64094 - 23559163 - 13. html。

政治安全》中指出，“意识形态工作面临的内外环境更趋复杂，境外敌对势力加大渗透和西化力度，境内一些组织和个人不断变换手法，制造思想混乱，与我争夺人心”。① 2015 年 12 月 25 日，习近平总书记视察解放军报社，在听取解放军报社工作情况汇报后，他发表重要讲话强调，“当前，各种敌对势力一直企图在我国制造‘颜色革命’，妄图颠覆中国共产党领导和我国社会主义制度。这是我国政权安全面临的现实危险。他们选中的一个突破口就是意识形态领域，企图把人们思想搞乱，然后浑水摸鱼、乱中取胜。新形势下，意识形态领域斗争复杂尖锐。历史和现实都警示我们，思想舆论阵地一旦被突破，其他防线就很难守得住”。②

---

① 《习近平关于社会主义文化建设论述摘编》，中央文献出版社，2017，第 35 页。

② 《习近平关于社会主义文化建设论述摘编》，中央文献出版社，2017，第 37 页。

第二节　研究的目的与意义

本书扎根于社会现实问题与国家战略两大背景。一方面，本书扎根于社会现实问题，针对网络空间意识形态安全领域当前出现的紧迫问题，特别是网络空间中的意识形态交锋与斗争问题展开研究。另一方面，本书扎根于国家战略，顺应当前党和政府对意识形态工作与意识形态安全问题的要求展开研究。

本书的直接目标是探索网络空间意识形态治理途径，构建网络空间意识形态治理理论体系，为我国网络空间意识形态治理工作提供理论支撑。最终目的是维护党对意识形态工作的领导权，促进国家网络空间意识形态治理体系和治理能力的现代化，保障党和国家网络空间意识形态安全，"巩固马克思主义在意识形态领域的指导地位，巩固全党全国人民团结奋斗的共同思想基础"。

在意识形态安全面临境外挑战与国家积极推动意识形态安全战略的大背景下，研究网络空间意识形态安全治理有着极为重要的意义。

在理论意义方面，第一，研究网络空间的意识形态安全及其治理是一个具有紧迫性的学术命题。此前对于网络治理的研究要么侧重宏观的网络空间治理，要么侧重网络信息安全或网络运行安全，本书聚焦网络空间中的意识形态博弈，提出网络空间意识形态治理的理论框架。第二，深入研究网络空间中"意见市场"的本质与言论属性，将"意见市场"理论与中国网络空间治理实际相结合，探索网络空间"意见市场"理论本质，深化"意见市场"理论研究。第三，判别网络意见市场中各类言论的意识形态属性，构建不同意识形态属性言论的博弈模型，在此基础上，探索对危害我国意识形态安全的各类言论的治理路径，构建系统的理论体系。

在实践意义方面，第一，研究网络空间意识形态治理是确保国家安全的需要。众声喧哗的网络意见市场是意识形态斗争的主阵地，深入研究网络意见市场并探索治理之道是守住网络空间意识形态疆土的必要前提。第二，研究网络空间意识形态治理是推进国家网络治理体系和治理能力现代化的需要。网络治理体系与治理能力的建设应是“推进国家治理体系和治理能力现代化”的题中应有之义。第三，研究网络空间意识形态治理是提高政府公信力的需要。网络空间意识形态治理的目标是以社会主义核心价值观引领网络空间的社会思潮，增强政治认同与文化认同，提升政府公信力，确保意识形态安全。

第三节　研究创新

本书的创新之处主要体现在以下三个方面。

第一，指导理念创新。本书将网络空间意识形态安全问题置于“总体国家安全观”的理念之下，意识形态工作之所以是一项极端重要的工作，是因为它关涉国家安全，意识形态安全是总体国家安全的重要一环。本书从总体国家安全观出发，首先对习近平总书记关于意识形态工作、国家安全、网络治理的重要论述进行了综述与解读，拔高研究格局，从国家战略层面认识意识形态安全及其治理。一方面，将网络空间的意识形态安全问题作为国家安全的重要组成部分，另一方面，将网络空间安全（特别是网络空间意识形态安全）的治理作为国家健全治理体系和提升治理能力的重要内容。

第二，理论视角创新。本书借鉴“意见市场”理论，将网络空间视为“网络意见市场”，将网络空间的意识形态交锋、斗争视为各种不同的意识形态言论在“意见市场”中的竞争与博弈过程。与“商品市场”类似，在“意见市场”中，各种不同的意识形态言论存在供给与需求问题，同样，既存在正常的“市场交易”，即“红色领域”思想观点的传播与交流，也存在“黑市”，即“灰色领域”与“黑色领域”。对于“意见市场”，政府同样应该进行宏观调控与市场监管，并构建舆论引导与舆论控制相结合的治理体系。借鉴“市场”概念与理论体系，探索网络空间意识形态治理问题，是一个全新的理论视角。

第三，研究内容创新。党的十八大以来，中国的网络治理实践蹄疾步稳，但这些治理实践理论化程度稍显滞后。中国的网络治理实践文本化成果主要体现在国家层面以及各级政府出台的一系列法律法规与规章，由于网络空间意识形态交锋激烈，网络治理的实践随之快速跟进，有些法律法规与规章出台的速度很快，相关的学术研究成果总难以跟上实践的步伐。本书梳理与总结近年来出台的一系列法律法规与规章，如《中华人民共和国国家安全法》《中华人民共和国网络安全法》《网络信息内容生态治理规定》等，吸收最新实践成果并进行学术化转化，在研究内容上有一定的创新性。

第四节　本书的基本框架

本书共有七章内容。

第一章　绪论。主要讨论本书的研究背景、研究目的与研究意义等内容。研究背景从两个方面入手：一是国家对意识形态工作与意识形态安全问题的高度重视；二是我国网络空间意识形态安全面临的严峻挑战。研究目的是构建网络空间意识形态治理理论体系。研究意义探讨了理论层面的体系构建与实践层面的指导意义。

第二章　网络空间意识形态安全治理的基本概念。本章对本书的几个关键概念进行了界定。首先，网络空间是网络意识形态的依存场所，与现实空间相比，它具有许多新的特性值得注意。其次，意识形态概念经历了流变，目前较为常见的是将其看作统治阶级的思想观念体系。再次，意识形态安全是国家安全的重要组成部分，主要是指国家主流意识心态免受威胁的稳定状态。最后，网络空间意识形态安全与信息安全、文化安全、国家安全、社会安全等概念联系紧密，我们应从整体上对其进行把握。

第三章　网络空间意识形态安全治理的环境因素。本章从“场所”“场域”“场景”三个维度分析意识形态生发与博弈的虚拟时空环境。在这个虚拟时空环境中，网络虚拟空间作为“场所”构成宏观环境，舆论表达者、言语及话语权等要素所在的“场域”构成中观环境，舆论生发的具体“场景”构成微观环境。三者一起构成网络空间意识形态治理的虚拟“地域”，是开展意识形态治理工作的环境因素。

第四章　网络空间意识形态安全治理的参与主体。本章探讨了网络空间意识形态治理过程中的四类参与主体。一是政府监管主体，政府是网络空间意识形态治理的主导型主体，可以通过风险防范、惩戒、约谈等机制进行治理。二是社会参与主体，包括网络社群、网络民族主义群体和网络

“公知”群体。三是行业责任主体，重点探讨了主流媒体、互联网企业、大数据公司、社交平台四类主体。四是网民自律主体，重点介绍了普通网民、青年学生、网络意见领袖三类重点人群的教育与自律。

第五章　网络空间意识形态安全治理的机制路径。本章第一节探讨网络空间意识形态安全治理机制，分为准入/退出机制、防范/追惩机制、扬正/控负机制，从主体的资格、内容的红线等角度分析意识形态治理的机制。第二节将网络空间意识形态安全治理分为技术治理、行政治理、法律治理、伦理治理四条路径，探讨了从最快捷的技术防范到直接的行政监管，从硬性的法律强制到柔性的伦理教育四类治理举措。

第六章　网络空间意识形态安全治理的他山之石。本章将目光投向国外，探索国际网络空间意识形态安全治理经验对中国的启示。

第七章　结论、问题及对策建议。对全篇主要结论进行了总结，并提出了对策与建议。

第二章 CHAPTER 2

网络空间意识形态安全治理的基本概念

第一节　网络空间的界定及其性质

一　网络空间的概念

（一）概念溯源

网络空间属于空间的范畴，空间是与时间相对的一种物质客观存在形式，由长度、宽度、高度、大小表现出来。网络空间最早被称为“赛博空间”，是由控制论（Cybernetics）和空间（Space）两个词构成。“赛博空间”由加拿大科幻小说家威廉·吉布森（William Gibson）在1982年发表于*omni*杂志的短篇小说《全息玫瑰碎片》（*Burning Chrome*）中首次提出，后又于1984年在《神经漫游者》（*Neuromancer*）一书中再次提及。《全息玫瑰碎片》描写了一个网络黑客凯斯受命于某跨国公司，被派往由全球电脑网络构成的空间之中，执行一项极其危险的任务。进入这一空间既不需乘坐飞机火箭，也无须进入时空隧道，只要在大脑神经中植入插座，接通电极，当网络与人的思维意识合为一体后，即可遨游其中。简单来说，吉布森在小说中描述了一个通过网络把全世界的人、机器及信息源都连接起来的新型空间——赛博空间。他在书中曾使用这样一段文字来解释“赛博空间”（Cyberspace）：“未来，人脑和生物神经系统通过神经植入电极，接入全球信息网络。人类思想进入的网络就像一个真实的领域，一个自己的非实体意识映射入被称为Matrix的交感幻象。”[①]

在计算机技术和控制论的影响下，吉布森认为，在互联网语境下，比

① 刘艳：《赛博空间语境中的社会化阅读：身体重构、游牧空间、传播进路及其迷阵与反思》，《图书馆理论与实践》2019年第1期，第37页。

特[①]作为质料所承载的数字空间不同于现实地理意义上的空间存在，不是由原子物质建构而成，它可以是一种无限的空间延伸，亦可以是一种非实体的存在。在哲学领域，德勒兹和加塔利合著的《千高原》（1980）被称为赛博空间的“哲学圣经”。在书中，德勒兹以差异哲学和游牧美学来解读赛博空间，所提出的诸如千高原、光滑空间与条纹空间、多元符号论等为学界提供了一个全新的哲学角度。他们认为，赛博空间语境下所延伸的哲学探讨和理论维度将远远高于原子空间。吉布森与德勒兹等的研究为探索赛博空间打下了很好的理论基础。一方面，在吉布森的诠释下，在主体与空间之间的关系上，开启了一种人与计算机、计算机与计算机之间的存在关系；另一方面，在主体的视域接受上，呈现出技术媒介与视觉感知的比特化迁移，传统的原子空间中的“视域”呈现开始转向一个全新的数字空间。[②]

万维网出现以来，以互联网技术为依托的数字媒介已渗透到社会生活的方方面面，生活空间延展至赛博空间，“一个既无所不在也无所在的，但绝不是我们肉体所生存的虚拟世界”。[③]“它既改变了人们以往接受、处理和发送信息的方式，也改变了信息本身的产生和存在方式，既拓展了人们交往的空间，也重新调整了人与人、人与社会乃至人与自然之间的关系。”[④]

（二）国外相关研究

单从字面上看，Cyberspace 由 Cyber 和 Space 两个单词组成，Cyber 源自古希腊语，含义为控制、掌舵，Space 指空间，“吉布森用‘赛博’来形容这种他想象的基于计算机网络的媒介空间，大约是为了强调这种媒介中的控制、交互、智能特色”。[⑤] 最初，赛博空间被定义为一种社会生活与交往的虚拟空间，在这个虚拟空间里，人、计算机、信息源常常合为一体。

---

① 计算和数字通信的基本信息单位，也是最小单位，这些状态值被表示为 0 和 1 的组合。

② 郭子淳：《赛博空间与人的存在转向：“比特视域”的提出、议题与反思》，《现代传播》（中国传媒大学学报）2019 年第 3 期，第 161～162 页。

③ 周旭：《理解赛博空间：从媒介进化论到虚拟生存》，《学习与实践》2018 年第 9 期，第 122 页。

④ 曾国屏等：《赛博空间的哲学探索》，清华大学出版社，2002，第 3 页。

⑤ 费安翔、徐岱：《赛博空间概念的三个基本要素及其与现实的关系》，《西南大学学报》（社会科学版）2015 年第 2 期，第 111 页。

1990 年，加利福尼亚大学召开的第一届赛博空间大会上，迈克尔·本尼迪克特（Michael Benedikt）将赛博空间定义为“一个全球联网的，计算机维持、存储和生成的，多维人工或者虚拟现实”。[①] 本尼迪克特强调的是赛博空间的技术性、虚拟性以及巨大的信息流，但他忽略了赛博空间中人的活动以及人与人之间的关系。

迈克尔·海姆将赛博空间定义为“一种由计算机生成的维度，在这里我们把信息移来移去，我们围绕数据寻找出路”，并指出“网络空间（赛博空间）是一种再现的或人工的世界，是一个由我们的系统所产生的信息和我们反馈到系统中的信息所构成的世界”。[②] 迈克尔·海姆不仅看到了赛博空间的技术性和虚拟性，也强调了赛博空间中人的重要性，将赛博空间看作人与技术共同建构的世界。荷兰学者哈姆林克进一步认为，“赛博空间是地理上无限的、非实在的空间，在其中——独立于时间、距离和位置——人与人之间、计算机与计算机之间以及人与计算机之间发生联系”。[③] 在哈姆林克看来，赛博空间创造了一个虚拟世界，这个世界包括所有以计算机为媒介交流的形式。“计算机、数字电话、数字控制装置、数字控制系统等，凡是涉及数字化媒介交流形式的都可以纳入赛博空间的范畴。”[④] 2008 年，美国空军发布的《美国空军赛博空间战略司令部战略构想》指出：“赛博空间是一个物理域，通过网络和相关物理基础设施，用电子设备和电磁频谱以存储、修改或交换数据。主要由电磁频谱、电子系统以及网络化的基础设施三部分组成。”[⑤] 在美军的定义中，赛博空间被概括为一种器具，主要强调赛博空间的技术性层面。

（三）国内相关研究

裴萱将赛博空间理解为以计算机等电子设备终端为窗口，以网络通信

---

① 周涌、朱君：《赛博空间电影的想象与建构》，《当代电影》2020 年第 1 期，第 163 页。

② 〔美〕迈克尔·海姆：《从界面到网络空间——虚拟实在的形而上学》，金吾伦、刘钢译，上海科技教育出版社，2000，第 79 页。

③ 〔荷〕西斯·J. 哈姆林克：《赛博空间伦理学》，李世新译，首都师范大学出版社，2010，第 8 页。

④ 周旭：《理解赛博空间：从媒介进化论到虚拟生存》，《学习与实践》2018 年第 9 期，第 122 页。

⑤ 杨帆等：《网络电磁空间与赛博空间区别分析》，《国防》2017 年第 2 期，第 56 页。

技术和虚拟现实技术为基础，以新传媒和符号传播为媒介，最终形成主体和技术相融共生的崭新空间样态。裴萱认为，网络空间不同于传统的物理空间，也与主体精神领域的“神与物游”空间相异，可以将其放在后现代哲学领域“空间转向”理论视域之中。[①] 除学者外，《中国人民解放军军语》对网络电磁空间进行了界定，指“融合于物理域、信息域、认知域和社会域，以互联互通的信息技术基础设施网络为平台，通过无线电、有线电信道、信号传递信息，控制实体行为的信息活动空间”。[②]

总而言之，赛博空间有广义和狭义之分。从广义上理解，“赛博空间可以囊括通过计算机网络所能获得的信息资源的全部范围，这些信息可以是图像的和声音的，也可以是文字的，它们共同形成一个巨大的人造世界，这个世界由布遍全球的计算机和通信网络所创造和支撑”[③]；从狭义上理解，赛博空间可以定义为“一种以沉浸方式模拟实在世界的虚拟实在系统，即一种由计算机生成的三维虚拟世界”。[④]

（四）网络空间的内涵

约斯·德·穆尔将人们生活的世界分为三种，第一种世界是物质客体及其物理属性的世界；第二种世界是人类意识的世界，由思想、动机、欲望、情感、记忆、梦幻构成；第三种世界是文化的世界，由人类的精神产物构成，例如语言、伦理学、法律、宗教、哲学、科学、艺术、社会体制等。“除了对物质世界的不断开拓之外，现代还诞生了对人类主体性的内在空间的探索。……在20世纪，随着现代传播工具、大众传媒和电脑技术的发展，空间探索的重点又发生了转移。这一次是转向了对第三种世界的虚拟空间的探索。”[⑤]

从穆尔的三种世界理论来理解，网络空间至少应该包括三个方面：一是由计算机和其他现代通信技术创构的一个虚拟空间，并非一个物理空间

---

① 裴萱：《赛博空间与当代美学研究新视野》，《广东社会科学》2017年第2期，第158～159页。

② 严明：《高度关注网络空间安全》，《南京政治学院学报》2013年第6期，第111页。

③ Martin Dodge & Rob Kitchin, *MApping Cyberspace*, London: Rouledge, 2000, p. 1.

④ 王治河：《后现代主义辞典》，中央编译出版社，2004，第525页。

⑤ 〔荷〕约斯·德·穆尔：《赛博空间的奥德赛：走向虚拟本体论与人类学》，麦永雄译，广西师范大学出版社，2007，第57～58页。

或现实空间；二是一种基于数字化信息流动和存储之上的生长性的人的意向空间和文化交往空间；三是现实空间的延伸、补充和超越。空间中人的活动、人的交往都具有现实性，所触发的事件也都会产生现实后果。①

简言之，现代世界可以分为物理世界、心理世界以及虚拟世界，网络空间则是基于物理条件而形成的、反映了人类的主观精神世界，并将人与人紧密联系在一起的空间。这个空间存在于计算机网络中，人类在其中生活和交往。

二　网络空间的性质

（一）虚拟性

网络空间是虚拟生存实践的产物，具有虚拟性、建构性、仿拟性、超真实等特点。虚拟性的英文单词 Virtual 有多重含义，特别是它还包含着两种看起来非常矛盾的含义：一方面，Virtual 有实际上的、事实上、实质上的释义；另一方面，它又有（通过计算机软件）模拟的、虚拟的含义。虚拟世界是对一个世界的仿真，在物理学意义上它不是真实的，但是在效应上，它带给受众以真实而深刻的印象。人们已经在众多领域中探索这种虚拟空间。② 网络空间在物理意义上是没有任何形体的，它以文字、图像、声音等比特文本作为存在形式，在此基础上用复制、模仿、克隆的形式去仿照真实的世界，进而创造出一个虚拟的世界。

（二）匿名性

匿名制可以追溯到古希腊时期的陶片放逐法，“每年的春季，全雅典的国民都会采用不记名方式把自己认为会破坏民主制度的人名写在贝壳上。获投票最多的人要被大会决定放逐”。③ 在现实世界中很难实现完全的匿名，但在网络空间中个体可以很方便地隐藏个人身份信息，由于网络

① 周旭：《理解赛博空间：从媒介进化论到虚拟生存》，《学习与实践》2018 年第 9 期，第 123 页。

② 麦永雄：《赛博空间与文艺理论研究的新视野》，《文艺研究》2006 年第 6 期，第 32 页。

③ 孙婉懋：《从马克思主义言论自由视角探究网络表达权》，硕士学位论文，浙江理工大学，2015，第 13 页。

空间匿名性的存在，网民可以自由地讨论、发表网络话题而几乎不受约束，但匿名性也容易造成谣言、虚假信息、群体极化等负面效应的发生。网络空间的匿名性是相对的，在不同的网络空间中，其匿名性水平也有很大差异。例如，随着网络使用的普及，在微博、贴吧、论坛等网络空间中，用户基于一种弱关系而交往，其匿名性是很强的；但是在微信、QQ 等社交媒体中，用户与用户之间是一种强关系的存在，其匿名性就偏弱。

（三）自由性

由于互联网的开放性，网络空间成为一个意见的自由市场，人们可以随时随地接触各种网络信息和观点，并成为网络信息的发布者和网络意见观点的表达者。随着移动微博、微信、论坛等网络平台的兴起，网民可以随时随地发表言论，而不受时空限制。同时，网络空间环境的虚拟性和匿名性使网民获得一定程度的心理安全感，这为其自由发表言论提供了便利。在互联网空间，我们可以随心所欲地发帖、转帖、评论和点赞，以此来表达自己的观点和意见。但是，自由也带来了诸多负面效应，如今的网络空间场域，由于准入门槛低，信息内容混杂，甚至出现虚假新闻、反转新闻、谣言、流言等内容，一定程度上产生了“负外部性”。

（四）多元性

网络空间中的话题讨论范围十分广泛，一般是围绕社会热点事件而展开，内容无所不包、无所不及，涉及政治、经济、文化、军事、外交以及社会生活等各个领域；网络空间的主体——网民，来自社会的不同阶层和领域，有着不同的文化水平，同时具有一定的文字表达能力，常常针对网络空间的各种议题发表倾向性言论，发表后的言论可以被随意评论和转载。例如，在微博的搜索栏中就有游戏、直播、电影、财经、美食等多种类型的栏目，足以见得网络话题的广泛性，而不同的网民对这些栏目的兴趣不一，所发表的言论因而也是多元的。

（五）交互性

以往的传统媒体也有交互，例如报刊的读者来信、广播中的听众来电等，但受到时间、空间以及技术等因素制约，这种交互性并不能得到充分发挥。而随着传播技术的发展，网络空间中的交互性特点越来越凸显。在网络空间中，网民积极参与各种社会热点话题的讨论，对某一问题或事件发表言论，对热门网贴进行评论与转发，并与其他网民进行观点的交流、互动，这种意见的交汇与交锋，推动话题的深入和问题的解决。

（六）去中心化

网络空间具有去中心化、去主体化、碎片化的文化特征。去中心化是相对于中心化而言的，网络空间的去中心化指的是在网络空间中没有一个固定的中心节点，每个人都能够成为一个节点，网络空间就是由无数个中心节点构成的一张巨大的网。在这种去中心化的网络特质下，人人都能够成为网络的中心，可以便捷地向他人传递信息。同时，网络空间又不是完全去中心化的，网络空间的话语权只掌握在少数人手中，能够成为大节点的人是少之又少的。

此外，网络空间还有公开性、流动性、零散性、超链接性等特点，创造了更多获取、复制、转换、传播信息的手段，使人们进入到一个“超空间”且“知识爆炸”的信息时代。

三　网络空间与公共领域

（一）公共领域的内涵

公共领域的概念最初由德国学者汉娜·阿伦特（Hannah Arendt）提出，后经尤尔根·哈贝马斯（Jürgen Habermas）吸收、整理并加以系统化后形成公共领域理论。所谓公共领域（Public Sphere），指的是不局限于某一特定的历史时期或某一特定的国家地域，而是一种介于市民社会与国家之间或之外进行调节的领域。1964 年，哈贝马斯在《公共领域的结构转型》中对公共领域进行了具体介绍，他指出，“所谓‘公共领域’，我们首先意指我们的社会生活的一个领域，在这个领域中像公共意见这样的事物能够形成。公共领域原则上向所有公民开放。公共领域的一部分由各种对话构成，在这些对话中，作为私人的人们来到一起，形成了公众。那时，他们既不是作为从事业务的或职业的人来处理私人行为，也不是作为合法联合体隶属于国家官僚机构的法律规章并有责任去服从。当他们在不从属于强制的情况下处理普遍利益问题时，公民们作为一个群体来行动。因此，这种行动具有这样的保障，即他们可以自由地集合和组合，可以自由地表达和公开他们的意见。当这个公众的规模较大时，这种交往需要一定的传播和影响的手段。今天，报纸和期刊、广播和电视就是这种公共领域的媒介。当这种公共讨论涉及与国家的实践相关的问题时，我们称之为政治的公共领域（以区别于例如文学的公共领域）”。[①]

根据哈贝马斯的论述，公共领域是由作为个体的私人集聚而成的公众的话语表达空间。这些公共领域的参与者以独立身份加入涉及公共利益事务的讨论，不受政治权力或资本集团的控制与摆布。他们对参与公共事务充满渴望，对国家权力和政府机构的不规范运转时刻保持警惕。在公共领域所塑造的公共舆论空间里，任何个人和团体都有理性表达意见和开展辩论交流的机会。只不过这种话语表达并不意味着高人一等的话语霸权，更不能褫夺他人的意见表达权利。就公共领域的参与者来说，任何参与主体都是平等的，都有话语表达和阐述自我意见的权利；同时，公共领域参与者的话语表达必须围绕公共利益展开，避免表达个体私利。这些参与主体不仅包括具有独立身份的个人，还包括政党、政府和社会组织等机构实体。

在哈贝马斯心目中，“理想公共领域”的应然状态是“去意识形态化”的，但公共领域既然是公共利益的表达场域，其表达主体不可能不受意识形态的影响。任何参与的表达主体在现实生活中都不可避免地隶属于一定的社会阶层与社会群体，虽然其话语表达应着眼于公共利益，但他作为“现实的人”的属性其实很难摆脱他所属的社会关系。因而，意识形态对于公共领域的渗透在所难免。在极端情况下，某种意识形态甚至有可能居于主导地位。比如，在哈贝马斯的论述中，公共领域就是多元的，如有资产阶级公共领域、平民公共领域等。可见，抽象的、脱离意识形态影响的

① 转引自董浩《哈贝马斯与公共领域的发掘及其效应——写于哈贝马斯诞辰90周年之际》，《阅江学刊》2019年第6期，第93页。

公共领域是不存在的，只存在具体的属于某一阶级或阶层的公共领域。所谓西式公共领域不受意识形态制约的“纯粹”的话语表达空间是不可能存在的。①

（二）公共领域的特征

从哈贝马斯对公共领域的界定可以看出，公共领域有三个核心特征。一是开放性。公共领域介于公权力构成的国家与以经济交往为主的私人领域间，民众可自由进入这一空间对公共事务进行独立平等的交流。二是批判性。批判性是公共领域的本质特征，公民通过交流互动，对公共事务进行理性评判，形成舆论共识，对公权力进行监督和控制。三是理性。即交往理性，公民之间的交流与讨论必须根植于理性之上，否则将丧失批判本身的合理性。②

（三）网络公共领域

从字面意思来理解，网络公共领域指的是在网络空间中，网民用来讨论公共事务、自由发表意见的场所。公共领域所具有的上述特征，网络公共领域也同样拥有。作为信息时代公共领域发展的新形式，网络公共领域的出现不仅扩展和丰富了公共领域的内涵与功能，而且使公众参与公共事务更加方便和快捷。同时，低门槛和匿名性带来了网络公共领域的平等与繁荣，一方面，匿名表达的特殊情境暂时抹平了现实世界公众身份和地位的不平等，议题的选择和话题的设定也超越了传统媒介公共领域政治权力的限制和资本集团的羁绊。另一方面，由于不再看重学历的高低和财富的多寡，公共参与门槛变低，更多的公众可以参与进来，而且，参与主体可以就自己所关心的问题畅所欲言、直言不讳。

由于网络公共领域的虚拟、匿名等特征，它更难以被“把关”、被控制，一部分参与主体的言论表达变得非理性，这为非主流意识形态的传播提供了机会。由此，网络空间非主流意识形态的非理性传播使互联网已然成为意识形态斗争的主战场。网络公共领域的出现虽然增强了公众话语表

---

① 刘继荣：《互联网条件下青年公共领域的意识形态安全治理》，《未来与发展》2019 年第 9 期，第 20 页。

② 余保刚：《网络论坛、公共领域与舆论引导》，《领导科学》2011 年第 26 期，第 27 页。

达和民主参与的能力，但也加大了网络空间意识形态安全治理的难度。[1]

（四）网络空间能否成为公共领域

根据哈贝马斯的观点，公共领域可以通过三个标准来判断。一是地位平等（equality of status）。即所有参与者无论在现实生活中处于怎样的社会地位，在公共领域中都有相同的发言机会。二是普遍准入（generally accessible）。即谈论的议题没有限制，以前一些从未受到质疑的问题也能拿出来被公开批评和讨论。三是包容并蓄（inclusive）。即公共领域对所有人都是开放的，参与成员包含不同年龄、职业、国籍的成员，任何人都能够加入到公共领域的讨论中来。[2]

从以上标准来看，网络空间都是满足的。网络空间的交互性、平等性等特征使得用户可以随意发表自己的观点和意见，保障了网民的地位平等。网络空间话题的广泛性保障了议题的普遍准入，网络空间汇集了多元的信息内容。网络空间的低门槛、开放性保障了网民的包容并蓄。异质而平等的公众，丰富而多样的信息，使人们参与到社会公共生活之中，因此，网络空间作为一个有别于现实的虚拟空间属于公共领域的范畴。

同时，网络空间自身的弊端，使它难以成为完全意义上的公共领域。网络空间不少信息内容娱乐化，甚至低俗化，挤压了公共议题的讨论空间。在网络空间中，人们可以自由大胆地表达自己的意见观点，但消费社会的到来、娱乐至死的精神使年轻人越来越缺乏政治热情，许多网民只关注自己所感兴趣的信息，极少关注公共事务与公共决策。网络空间没有了“老大哥”，但却是一个“美丽新世界”，这与公共领域中对公共议题的讨论相去甚远。

首先，网络空间舆论极化，影响用户的理性表达。网络空间由于具有开放性和匿名性的特点，网络话语更加平民化，人们可以在网络中随意表达自己心中真实的想法，甚至是同内心真实想法相去甚远的言论。再加上网民越来越低龄化，网络群体媒介素养整体上较为低下，网民更加感性

---

① 刘继荣：《互联网条件下青年公共领域的意识形态安全治理》，《未来与发展》2019年第9期，第20页。

② 马超：《互联网与公共领域：西方经验与中国语境》，《西南政法大学学报》2019年第4期，第72~73页。

化、情绪化、简单化，在参与网络事件时，他们作判断、下结论往往仅凭直观感受和个人好恶，缺乏理性、缺乏逻辑、缺乏深入思考，所发表的言论往往经不起推敲。而公共领域的一个重要标准就是交往理性，公共领域中的讨论要求理性，是建立在理性基础上的一种话语民主，网络空间的非理性显然与其相悖。

其次，资本和权力的介入，干扰网络空间的表达自由。网络空间并不自由，它背后有资本和权力的控制。一方面，资本力量通过自身的经济优势控制网络话语权；某些受商业利益诱导的意见领袖，往往有意引导部分议题进入公众视野，对议程进行设置。譬如，各种商业机构的入驻和广告的投放使网络空间的商业性更浓，这些商业资本通过收买意见领袖，对议题进行操控，由此为其带来流量和关注度，从而产生巨大的商业利益。另一方面，由于网络空间诸多“负外部性”的存在，各国政府均介入网络空间治理，网络空间与现实空间一样，同样需要秩序，因而并不能达到想象中的完全自由。

最后，由于数字鸿沟的存在，用户话语权并不平等。网络空间中并不是所有人都能掌握话语权，现实空间中经济与社会地位、兴趣爱好、受教育程度的差异以及信息资源的多级分化，必然会映射到网络空间，导致人们话语权的不平等。网络空间表面的平等暗含实质的不平等，从理论上讲，每一位网民都拥有相对平等的表达权利，但实际上，网络空间话语权常常被真实身份的披露所直接强化。胡泳指出，网络空间中的版主或网友们熟悉的人物，其观点更容易被接受，即使说错了话，也会有很多人来维护他。通过对注意力的独霸、对议程和话语方式的控制，少数人得以使自己的声音压倒大多数人。[①] 由此可见，网络空间并不能够成为哈贝马斯所说的“公共领域”，哈贝马斯所说的“公共领域”带有理想性质，而网络空间中还存在诸多问题。

① 胡泳：《众声喧哗：网络时代的个人表达与公共讨论》，广西师范大学出版社，2008，第225页。

第二节　意识形态界定及其分类

一　意识形态的概念

学界普遍认为，“意识形态”一词源于1796年法国学者特拉西创造的新词ideologie，特拉西创造“意识形态”这个概念时，目的是要创造一门用理性来探究观念起源与形成的科学，即观念科学，以此来摆脱传统由宗教意识与形而上学所产生的种种错误观念，并将知识的最终基础与来源严格地奠定于人对外部世界的感觉经验的基础之上。[①] 可见，特拉西的初衷在于创造一种“理性的科学”（science of ideas），进而为一切观念的产生提供真正科学的理论基础。

马克思主义者强调意识形态的上层建筑属性。英国马克思主义文学理论家特里·伊格尔顿（Terry Eagleton）指出，意识形态象征着某一特定的重要社会团体或阶级的状况和生活经验的观念与信仰。他站在马克思主义立场上理解意识形态，强调意识形态的上层建筑属性，即意识形态的职能是使社会统治阶级的权力合法化，并把意识形态的实践性最终落实到“意识形态与社会权力关系的构成”的层面上。[②] 按照格奥尔格·卢卡奇（Georg Lukács）的看法，“意识作为对现实的反映，它本身并不以实存的方式存在，但是，在社会存在中意识又是存在的条件，它是社会存在能够生成并发动起来、运作起来的条件，因此如果把社会存在当作一个总体来

---

① 李日容、张进：《作为存在论的意识形态概念——曼海姆知识社会学的哲学解读》，《兰州学刊》2020年第4期，第29页。

② 段吉方：《综合与超越：特里·伊格尔顿的意识形态研究及其理论贡献》，《文艺理论研究》2010年第6期，第29页。

把握，就不能人为地把意识排除在外”。[①] 他认为，“人们对一定状态下的经济—社会环境的每一个反应都可能变为意识形态”。只要这样的反应参与社会冲突的过程并在这一过程中发挥一定的社会功能的话，我们就能视之为意识形态。[②] 马克思主义哲学家阿尔都塞“挑战了将意识形态视为一种非真实的或幻想的影像的观念”，“把意识形态视为社会关系本身的一部分，视为一种存在于特定社会历史中的具有独特逻辑和独特结构的再现体系，并声称观念是真实的而不是虚构的，它们存在于客观的社会形态和社会制度中”。[③]

意识形态是一定社会和文化的产物，任何一个社会都有其独特的意识形态体系。杨琍玲认为，意识形态从根本上说是对现实的思想描述形式，目的是使人的社会实践变得有意义；意识形态的出现旨在克服社会存在的冲突；每一种意识形态都有它社会的同质的存在，它是以直接而必然的方式从当下行动着的社会群体中产生。也就是说，意识形态概念是一个历史的、动态的过程，它随着时代的变化而呈现出不同的特点，是一定社会群体基于自身的利益、愿望、价值目标而形成的统一思考，具有明确的价值导向性。[④]

刘金玲和李楠从宏观和微观两个角度对意识形态进行了界定，一方面，“意识形态”是指某一阶级、政党、职业（通常是知识分子）的人对世界和社会有系统的看法与见解，它是某一国家或集体里流行的信念，潜藏在其政治行为或思想风格中：哲学、政治、艺术、审美、宗教、伦理道德等是它的具体表现。另一方面，一个人在一定时期内的一整套或有系统的社会文化信念或价值观也属于意识形态范畴。[⑤]

林晓琴认为，意识形态是一定社会和文化的产物。人类在出现社会、产生文化的同时也就产生了意识形态。意识形态是与一定社会的经济和政治直接相联系的观念、观点、概念的总和，包括政治法律思想、道德、文

① 李俊文：《卢卡奇的社会存在本体论思想及其当代意义》，《马克思主义与现实》2007年第2期，第152页。

② 王晓元：《意识形态与文学翻译的互动关系》，《中国翻译》1999年第2期，第10页。

③ 肖小芳：《意识形态理论：从阿尔都塞到赫斯特》，《武汉科技大学学报》（社会科学版）2008年第1期，第23页。

④ 杨琍玲：《论翻译对意识形态的影响力》，《中南民族大学学报》（人文社会科学版）2013年第3期，第169页。

⑤ 刘金玲、李楠：《外宣翻译意识形态问题研究》，《社会科学论坛》2014年第9期，第211～212页。

学艺术、宗教、哲学和其他社会科学等意识形式。[①]

综上所述，意识形态可以理解为在一定的历史时期内，个人或群体对世界及社会所持有的各种见解和观点的总和。它影响并制约着人类的各种行为和活动。

二 意识形态的特性

雷蕾和苗兴伟在探讨生态哲学观时曾将生态哲学观与意识形态进行对比，并总结了意识形态三个方面的特性。第一，阶级性。意识形态的形成受到社会阶级的影响。具体而言，会受到政治权利、经济地位及受教育程度的影响。意识形态会反映某一特定阶级的观念和价值选择。大众对于社会的认识和了解总是源于社会中统治阶级的宣传与引导，进而形成长久无意识的思维方式和行为模式，这也是意识形态起作用的最主要方式。第二，观念性。意识形态是存在与人脑中的观念，是人们对待事物的态度，属于意识层面，对社会实践具有能动的反作用，积极的、符合社会发展规律的意识形态能够推动社会进步，促进人类社会向前发展；相反，消极落后的意识形态则会阻碍社会生产力的发展，进而阻碍整个社会的进步。同时，意识形态也是不断发展变化的，自媒体时代的到来，一方面为意识形态的传播提供更为广阔的路径和平台，另一方面其传播内容具有丰富性和自主性，也使得意识形态更加具有不确定性。第三，现实性。意识形态依托于社会现实，是对现实的建构。社会现实是有关人类活动的经验，而经验本质上是人类意识与物质的交互作用。意识形态存在于人类生活的每一个层面，是对人类集体经验的加工。[②]

三 意识形态的分类

意识形态的分类，是研究和把握意识形态的重要方法之一，不同的学

① 林晓琴：《意识形态操纵下的翻译顺应与改写——中美领导人演讲译文对比研究》，《福建论坛》（人文社会科学版）2012 年第 9 期，第 137 页。

② 雷蕾、苗兴伟：《生态话语分析中的生态哲学观研究》，《外语学刊》2020 年第 3 期，第 59 页。

者对意识形态有着不同的分类方法，有的从阶级属性的角度对意识形态进行分类，将意识形态划分为奴隶主意识形态、封建地主意识形态、资产阶级意识形态或资本主义意识形态、无产阶级意识形态或社会主义意识形态等。有的从实际研究出发，将意识形态区分为政治意识形态、经济意识形态、文化意识形态、法律意识形态以及审美意识形态。总之，意识形态分类标准多样，“可以按照其价值层次来划分，即是终极的还是较低层次的；可以按照它们所追求的社会目标的层次来划分，即是理想的还是现实的；可以按照其所依附的社会结构来划分，即是全球主义的、国家层面的还是国家内部社会层面的；还可以按照其内容的性质来划分，即是自由主义、保守主义的还是社会主义的等等”。[①]

无论是从阶级属性、实际研究的角度，还是从价值层次、社会目标层次、依附的社会结构、内容性质的角度来划分意识形态，都不能全面地概括意识形态的范畴。本书从个体与社会、主流与非主流、国家与民族三个角度来进行解读。

（一）个体意识形态与社会意识形态

个体意识形态指的是个人所具有的对于世界及社会的总的观点和看法，而社会意识形态则指的是整个社会所折射出的总体观念体系。个体意识形态反映社会意识形态，社会意识形态通过个体意识形态发生作用。个体意识形态一般和社会主流意识形态一致，但同时也会因个人经历、教育程度、文化追求、价值信仰体系等方面的不同而存在个体性特征，个体特征因个体意识成分结构的不均衡，体现出个体意识内在的复杂性，甚至矛盾性。[②] 个体意识形态与社会意识形态两者之间互相作用，相互影响，相互制约，构成了意识形态的整体。

（二）主流意识形态与非主流意识形态

主流意识形态是任何国家的国家意志的表现，是统治阶级利益的反映。国内学者季广茂指出：“主流意识形态总是‘定于一尊’的‘老大’，

---

① 朱兆中：《意识形态的学术分类初探》，《上海行政学院学报》2006 年第 6 期，第 10 ~ 11 页。

② 姜秋霞等：《社会意识形态与外国文学译介转换策略——以狄更斯的〈大卫·考坡菲〉的三个译本为例》，《外国文学研究》2006 年第 4 期，第 172 页。

它对社会公众具有非同寻常的影响力……所谓主流，包括两方面的含义，第一，它无论在深度上还是在广度上，都对社会公众发生着强烈的影响，第二，它常常依靠政治权威维持自己的影响。"① 非主流意识形态与主流意识形态相对，它是与主流意识形态并存的，两者的区别在于，主流意识形态占据统治地位，代表统治阶级对社会经济关系、物质关系的解读，而非主流意识形态是代表存在于不同阶级、阶层和利益群体中的不占主导地位的价值观念和社会思潮。在网络技术飞快发展的今天，非主流意识形态飞速发展，占领网络空间，与主流意识形态在网络"意见市场"中竞争，甚至有些非主流意识形态企图替代主流意识形态，对于代表统治阶级利益的政府而言，这需要引起其一定程度的警惕。目前，由于非主流意识形态存在网络化、无序化、力量弱等劣势，并不能撼动主流意识形态的领导地位。

（三）国家意识形态和民族意识形态

国家意识形态是任何一个国家重要的、内在的、深层次的因素，渗透到国家政治、经济、文化等方方面面，是国家占统治地位的价值观念体系和行为规范体系，也就是国家的主流意识形态。民族意识形态，即作为意识形态形式的民族主义，是关于对本民族奉献和忠诚的情感、信念和价值体系，它突出地表现为争取民族解放、谋求民族振兴，以及对民族权利和民族利益坚决伸张与维护的思想及主张；它制造民族形成和民族英雄的神话，描绘民族的光荣历史和神圣使命。②

---

① 转引自吕俊《意识形态与翻译批评》，《外语与外语教学》2008 年第 2 期，第 44 页。

② 朱兆中：《意识形态的学术分类初探》，《上海行政学院学报》2006 年第 6 期，第 13 页。

第三节　安全与意识形态安全的界定

一　安全的概念

安全是人类社会的一个基本概念，指的是没有受到威胁，没有危险、危害、损失。人类整体与生存环境资源的和谐相处，互相不伤害，不存在危险、危害的隐患，是免除了不可接受的损害风险的状态。《辞海》将其界定为“没有危险、不受威胁、不出事故”①的状态。安全是在人类生产过程中，将系统的运行状态对人类的生命、财产、环境可能产生的损害控制在人类能接受水平以下的状态。安全是相对于威胁、危险而存在的，是一个综合性的概念，涉及人类生存的方方面面；安全也是一个相对的概念，无论人类怎么努力也不可能将威胁降为零。没有危险作为一种客观状态，不是一种实体性存在，而是一种属性，因而它必然依附一定的实体。当安全依附于人时，那么便是“人的安全”；当安全依附于国家时，那么便是“国家安全”；而当安全依附于世界时，便是“世界安全”。这样一些承载安全的实体，也就是安全所依附的实体，可以说就是安全的主体。客观的安全状态，必然依附于一定的主体。

安全是一个相对综合的概念，适用范围比较广泛。巴里·布赞和琳娜·汉森在《国际安全研究的演化》一书中认为，“安全的基本认识只有包括三个部分的综合才是全面的。这就是‘客观安全’（objective security）、‘主观安全’（subjective security）、‘话语安全’（discursive security）”。②

第一，客观安全。安全具有客观性，是不以人的主观意志为转移的。

---

① 夏征农、陈至立主编《辞海》第6版，上海辞书出版社，2009，第35页。

② 〔英〕巴里·布赞、〔丹麦〕琳娜·汉森：《国际安全研究的演化》，余潇枫译，浙江大学出版社，2011，第14页。

不论是安全主体自身，还是处于安全主体之外的第三者，都不能仅仅出于对安全主体的自我感受或主观认识而决定主体的安全状态。正因为安全是客观的，因而它与安全感是两个不同的概念，它本身并不包括安全感这样的主观内容。有人认为安全既是一种客观状态，又是一种主观状态（心态）。但是笔者认为，安全作为一种状态是客观的，它不是也不包括主观感觉，甚至可以说它没有任何主观成分，是不依人的主观愿望为转移的客观存在。

第二，主观安全。安全这个概念本身当然是客观的，但是安全的主体具有主观感受，即我们常说的安全感，安全感是安全主体对自身安全状态的一种自我意识、自我评价，这种自我意识和自我评价与客观的安全状态有时是一致的，有时也可能相去甚远。安全感不是安全的一方面内容，但它也是一种客观存在的主观状态，并时刻影响着安全主体，有时甚至可能改变主体的安全状态。

第三，话语安全。话语安全是非传统模式的安全形态，是影响国家安全的主要方面。话语安全一方面会影响国家安全与稳定，另一方面又能建构和维护国家安全。话语安全是话语运用中话语本身对使用者和社会的影响与结果的评价，首先，话语安全直接影响社会发展的健康生态与格局。其次，话语安全直接影响人们对积极美好精神和物质生活的追求。最后，话语安全直接影响构建健康的民族话语心理。

现阶段安全可分为传统安全和非传统安全。传统安全主要指与国家生存发展密切相关的显性要素，主要体现为政治安全、军事安全、外交安全等。非传统安全是总体国家安全中除去传统安全部分的所有安全要素的集合，是国家安全的重要组成部分。它“是一种综合安全，涵盖着政治、经济、社会、军事、环境、文化等众多领域，涉及的问题具体多样，如政治压迫、民族分裂、恐怖主义、经济危机、军备竞赛、环境污染、人口过剩、种族冲突、资源枯竭、走私贩毒、饥饿贫困等等”。[①] 非传统安全的内容非常丰富，比较重要的内容包括如下几个方面：一是国际恐怖主义；二是经济安全，包括金融危机等；三是生态环境恶化；四是生物安全，包括

① 吴志成、朱丽丽：《当代安全观的嬗变：传统安全与非传统安全比较及其相关思考》，《马克思主义与现实》2005年第3期，第53页。

传染病的危害、生物武器的威胁、转基因生物及产品可能造成的威胁、外来生物物种的威胁、实验室感染等；五是跨国组织犯罪，包括国际毒品走私、洗钱、贩卖人口等。[①]

二　意识形态安全的概念

意识形态安全是指国家主流意识形态的地位不受外界威胁而保持和谐稳定的能力与状态。意识形态安全对一个国家和社会的维系具有重要的作用，是维护国家政权合法性和引领社会全面进步的重要因素，是整个国家安全体系的重要组成部分。在社会主义国家，意识形态工作作为马克思主义政党的一项极端重要的工作，关乎国家安全。

我国意识形态安全是指作为主流意识形态的社会主义意识形态的安全，主要包括指导思想安全、政治信仰安全、道德安全等内容。[②] 第一，指导思想是指导或支配一个政党、组织、集团的行动的思想、观点或理论。指导思想与国家政权结合在一起，为统治阶级确定发展的方向和目标，引导整个国家经济社会的发展。指导思想安全是意识形态安全的基础。第二，政治信仰是一种特定政治形态的心理基础，反映了社会成员的政治理性。人们的政治信仰随着社会实践的变化而变化。它关系到政权的稳定，是国家稳定发展的前提。第三，道德作为意识形态的一种，是人们共同生活及其行为的准则与规范。道德在生活中自觉自我地约束人们的行为。不同的文化会造就不同的道德规范和道德标准。作为法律的重要补充，道德在维持社会稳定方面有着举足轻重的作用。[③] 此外，意识形态安全还应包括民族精神安全。民族精神是一个民族赖以生存和发展的精神支撑，是意识形态的重要表现形式。“我们现在出现了发展不平衡，东西部差距、南北差距、发达地区与不发达地区的差距、领导与被领导的差距，差距引发对民族精神的弱化、整体认同的弱化。越是在这样的情况下，越

---

① 张明明：《论非传统安全》，《中共中央党校学报》2005 年第 4 期，第 113 ~ 115 页。

② 李晓燕：《大数据时代维护我国意识形态安全的思考》，《党建研究》2017 年第 6 期，第 43 页。

③ 刘昕：《大学生意识形态安全现状及对策研究》，硕士学位论文，中北大学，2016，第 13 ~ 14 页。

需要寻找到我们各个不同地区、各个不同阶层之间利益的最大公约数，以此建立、呵护中华民族共同的精神支柱、精神家园。否则，未来我们又成了一盘散沙。民族精神不是自然而然的过程，不是随着国家发展就会越来越强。需要我们不断地呵护它，养育它，不断调整、变化使之适应新的发展。”①

① 陈静：《呵护民族精神 保障国家安全——访全国政协委员、国防大学战略研究所所长金一南》，《中国社会科学报》2011 年 3 月 24 日。

第四节　网络空间意识形态安全与其他安全的关系

网络空间已然成为当今意识形态斗争的主战场，确保网络空间意识形态的安全，这关系到党和国家的政治稳定和长治久安。自互联网诞生以来，信息技术空前发展，全世界网络用户呈爆发式增长，一个虚拟且真实的网络空间越来越深入到人们的生活。基于网络空间生成的网络空间意识形态，作为一种新型意识形态，它不仅是人类社会发展长河中一种崭新的意识形态存在形式，也是互联网时代的新兴事物。

网络空间、网络社会，是与现实社会中的生活空间有着巨大区别的抽象性存在。它以互联网技术为支撑，无触觉，但却真实存在于物理空间之外。随着网络空间的大踏步进入人们的生活，人们逐渐意识到网络空间中的社会交往不再是少数网民的互动行为，不再是与现实生活完全脱离的网络行为，而是每时每刻正在发生着的政治、经济、文化、生活的社会行为本身。

如今，网络空间的发展早已大大超出了互联网诞生之初人们的想象，网络社会空间与现实社会空间正在交融并包，边界在逐渐消失。网络空间作为现实社会的延伸，几乎具备现实中各类社会活动的一切要素，是真实的人际交往和社会互动空间。在网络空间中，人们的行为方式和价值观的深刻变化，表达自身利益诉求的意识和热情更加强烈。多样化的现实利益诉求也导致了多元化价值观念和思想意识在网络空间中交织、碰撞，产生分歧和争论，进而，网络空间各种不同意识形态争锋势所难免。

一　网络空间意识形态的内涵

网络空间意识形态是网民在互联网视域下所形成的一种全新、公开、无边界的思想体系。黄冬霞、吴满意认为，“网络意识形态是在线上社会与线下社会、网民个体与现实个体高度融合互相渗透的背景下，网民借助数字化符号化信息化中介系统而进行的信息、知识、精神的共生共享活动中形成的有机体系，是网民在网络社会中具有符号意义的信仰和观念表达方式的综合，其核心是价值观念”。[①] 张宽裕、丁振国指出，“网络意识形态是人类社会一种全新的意识形态，是基于虚拟的网络社会而产生的。网络意识形态是网民看待网络世界的有机的思想体系，代表着网民的利益，指导网民的‘行动’，并通过虚拟社会反作用于现实社会”。[②]

20 世纪 90 年代以来，网络使以往传统生产、生活与交往模式被颠覆，人们逐渐揖别传统时代，迈进网络时代。在网络时代，交往实践真正地突破了时间和空间上的边界，只需要一台计算机，网民就可以不受身份地位的限制，自由地发表言论、输出见解。这种伴随网络而生的意识形态就是网络空间意识形态，是无数网民在网络空间内形成的、代表自身利益并指导行为活动的思想体系。[③]

二 网络空间意识形态安全与信息安全

信息安全是信息技术和信息设备的完整性、保密性、可用性等状态不被破坏的一种安全形态，是网络空间意识形态安全中最基础的要素，直接决定着网络空间意识形态管控的方向与决策。网络空间意识形态安全起源于网络的普及与传播，因为对网络信息及传播渠道缺乏有效甄别与控制，从而导致各种信息泛滥，影响国家安全稳定。信息安全作为非传统安全的一种，近年来遭受到的冲击尤其明显。

第一，信息多元化加速影响网络空间信息安全。信息多元化是网络技术快速发展的必然结果，由于信息体量的巨大，单纯靠人工审核已经很难

① 黄冬霞、吴满意：《网络意识形态内涵的新界定》，《社会科学研究》2016 年第 5 期，第 108 页。

② 张宽裕、丁振国：《论网络意识形态及其特征》，《学校党建与思想教育》（上半月）2008 年第 2 期，第 37 页。

③ 韩璞庚、朱思颖：《网络空间意识形态安全问题与对策研究》，《贵州社会科学》2019 年第 12 期，第 32 ~ 33 页。

满足网络发展实际和网络使用需求。信息的多元化使网民的思维和行动方式产生分化。网民根据自己的兴趣爱好选择自己关注的领域，某些爱好相同的人可以形成网络团体，集聚到一定程度便可以成为一股很大的网络力量。特别是某些受国外敌对势力暗中支持的网络“大V”，动辄拥有几千万的粉丝量，假如不能进行合理的引导和管控，将产生巨大的负面影响。某些比较激进的网民通过扭曲的标题与文章吸引他人眼球，攻击影射党和政府的政策方针，对社会上热点事件进行曲解与负面分析，搅乱民众的政治认知与信仰，动摇意识形态存在的根基。

第二，信息多元化加速抢占网络舆论新场域。网络新媒体技术的发展加速了信息技术的变革。多媒体、新媒体、融媒体、全媒体、微媒体等不断丰富群众的业余生活。信息化时代，谁掌握了网络媒体与流量谁就掌握了舆论管控的主动权。当前新媒体领域鱼龙混杂，在丰富群众业余生活的同时，也给舆论管控带来了挑战。信息传播已经告别了传统点对面的方式，算法推荐、点对点、小众群体、特殊爱好成为微媒体技术传播的鲜明特点，也因为微传播受众群体的增多，信息量的审核变得越来越有难度，各种掺杂了偏见、个人喜好、低俗、谄媚、娱乐至死的价值理念在网络间传播，民众的价值观念被分化成更多的小团体，给统一的价值信仰构建和信息安全管控带来了一定的挑战。[①]

三　网络空间意识形态安全与文化安全

文化安全是国家语言文字、风俗习惯、生活习惯、价值观念等文化符号与要素在国家文化传承与交流中不被破坏，保持相对独立的一种安全状态，是网络空间意识形态安全的精神内核，直接决定着网络空间意识形态的吸引力与把控力。文化安全是一个系统性、宏观性的概念，它是一个随着社会进步而不断发展和丰富的动态过程。而文化安全观则是建立在一定物质基础之上的上层建筑，它源自于文化安全内涵演变而形成的一种主流价值观念，随着文化安全概念的拓展与内容的丰富，文化安全观

① 程桂龙、谢俊：《非传统安全视阈下网络意识形态安全治理》，《重庆社会科学》2020年第4期，第124页。

也当随之发生改变。[①]

习近平总书记在党的十九大报告中指出："意识形态决定文化前进方向和发展道路。"[②] 意识形态具有鲜明的文化性，意识形态的文化性是指意识形态的本质存在于各种文化现象中，并且通过各种文化现象表现出来。[③] 意识形态安全已成为新时代国家文化安全的核心要义。马克思主义认为，人类在劳动中创造了文化，意识形态诞生于人类和文化的基础之上，因此，文化是意识形态诞生的前提和基础。随着实践的深入，意识形态的文化性逐渐体现在以阶级文化为特征的国家文化之中。意识形态作为观念的上层建筑，无疑会反映一定阶级和社会集团的利益诉求与价值观念。

随着网络技术的发展，网络空间意识形态安全开始深刻影响着文化安全。网络空间意识形态安全是文化安全的重要组成部分，要确保文化安全就必须重视网络空间意识形态的安全，使国家的文化处于没有危险或者不受外界威胁、干扰的持续安全的状态。当前主流意识形态的传播阵地已经发生了根本性的变化，网络空间逐渐成为宣传思想文化的前沿阵地。作为意识形态传播的新的主要阵地，网络平台承载着宣传社会主流文化和弘扬社会主义核心价值观的重要功能。为保障国家文化安全，必须从网络空间意识形态安全入手，认真研究并掌握网络传播规律，改进和创新网络宣传方式，这是一项长期且艰巨的任务。

四　网络空间意识形态安全与国家安全

对于国家安全而言，意识形态安全具有极其特殊而又极端重要的意义。正如习近平指出，"一个政权的瓦解往往是从思想领域开始的，政治动荡、政权更迭可能在一夜之间发生，但思想演化是个长期过程。思想防

① 易华勇、邓伯军：《新时代中国国家文化安全策论》，《江海学刊》2020 年第 1 期，第 246 页。

② 习近平：《决胜全面建成小康社会 夺取新时代中国特色社会主义伟大胜利——在中国共产党第十九次全国代表大会上的报告》，人民网，2017 年 10 月 27 日，http://cpc.people.com.cn/19th/n1/2017/1027/c414395-29613458.html。

③ 李翠荣、刘丹：《我国意识形态安全的文化性探析》，《文化学刊》2018 年第 6 期，第 163 页。

线被攻破了，其他防线就很难守住”。[①] 马克思主义话语权是维护和巩固意识形态安全的基本问题。在历史唯物主义的视域中，话语不是抽象的概念，而是与特定社会群体的利益、要求或愿望的表达相联系并为之服务的，任何话语都有其特殊的思想基础和理论支撑，“话语的背后是思想，是‘道’”。[②]

作为维护总体国家安全的精神屏障，意识形态安全与总体国家安全一脉相承。意识形态安全作为实现国家利益的重要手段和维护国家总体安全的精神屏障，始终是国家安全的重要领域和主要阵地。意识形态创新是社会变革的先导，每一场革命的爆发都意味着意识形态领导权的更迭。网络空间意识形态更关乎国家安全，事关国家主权和政治稳定，习近平总书记曾不止一次地强调网络空间意识形态的领导权和主动权问题，强调必须在网络舆论的世界战场上牢牢掌握主动权、掌管领导权，方可确保我国意识形态领域的安全。

网络信息时代，不同国家制度之间的意识形态渗透成为现实，任何组织、个体用户都可通过互联网发布即时互动、跨国界的信息，而任何信息平台都可能变成敌对势力意识形态渗透和攻击的潜在场所。如果任由社会舆论自由发展，个别网民的负面情绪可能会被蓄意利用甚至恶意炒作直至引发社会舆论风暴，造成社会不安、政权动荡。因此，重视网络空间意识形态在国家意识形态领域的安全工作，发挥其主战场作用，是维护国家政治安全和社会稳定的重中之重。[③]

五　网络空间意识形态安全与社会安全

社会安全包括社会治安、交通安全、生活安全和生产安全四个方面。随着网络技术的快速发展，社会安全问题面临着新的机遇和挑战，网络空间意识形态安全是影响社会安全的重要因素，二者相互制约、相辅相成。

---

① 《习近平关于社会主义文化建设论述摘编》，中央文献出版社，2017，第21页。

② 张璨、吴波：《意识形态安全与马克思主义话语权的提升》，《思想理论教育导刊》2019年第12期，第65页。

③ 韩璞庚、朱思颖：《网络空间意识形态安全问题与对策研究》，《贵州社会科学》2019年第12期，第32～33页。

李丽华等认为，在信息时代背景下，社会安全具有不确定性、泛在性、及时性、震荡性、巨变性以及传染性等特点。[①] 社会是否安全，关键就在于其是否拥有良好稳定的运行环境，要想实现社会安全就需要将冲突和无序控制在一定范围之内。然而，当今网络空间深刻影响现实社会，网络暴力、网络谣言、网络欺诈、网络侵权、网络赌博、网络借贷等事件数量多、危害大，并且可以随时从网络空间延伸至现实社会，既是当下网络空间治理的痛点和难点，对网民身心和财产造成较大损害，也容易引发现实纠纷，在破坏良好的网络空间运转秩序的同时，也给社会安全带来了极大的隐患。要想解决这些问题，消除这些隐患，就必须正视网络空间意识形态安全问题，以保障整个社会的安全状态。

网络空间意识形态安全问题源于网络，但又不限于网络，各种安全问题的凸显，使网络空间意识形态安全治理难度增大。现阶段加强网络空间意识形态安全治理主要靠外部的监督与管控。一方面，要加强信息技术革新与人才培养方式变革，提升网络技术和网络信息管控能力，创新价值传播理念和媒介传播方式，培养与新时代相适应的信息技术人才，提升话语管控主导权，使关涉网络空间意识形态安全的舆情、大数据掌握在国家层面；另一方面，要加强外部的制度建设与规章约束，发挥学校教育、传媒涵养、法律规制、行政监管等方面的优势，进行综合治理。通过长期性、计划性、连续性的建设，坚定一元主导的社会主义核心价值观，巩固网络空间意识形态安全防线，提升网络空间意识形态安全的现代化治理能力和治理水平。

---

① 李丽华等：《社会安全问题研究新视角：大数据视域下的特征、挑战及对策》，《中国人民公安大学学报》（社会科学版）2020 年第 1 期，第 122 ~ 123 页。

第三章

CHAPTER 3

网络空间意识形态安全治理的环境因素

“意见市场”，或者说“思想市场”概念，其萌发是在19世纪初期，与工业革命时代普通人的崛起和“舆论”（公众意见）的突显有关。后来将二者正式联结起来的是20世纪美国最高法院大法官霍姆斯(O. W. Holmes)。但是这一思想，其实早就存在于西方自由主义报业理论的几个代表性人物，如约翰·弥尔顿、托马斯·杰斐逊和约翰·密尔等的论述中。约翰·弥尔顿的思想，为“意见的自由市场”以及“真理的自我修正过程”的观念初步奠定了理论基础。在弥尔顿那里，“意见的自由市场”就是指自由讨论所构成的精神生活空间。在这个空间里，“只要让真理参加‘自由而公开的斗争’，真理本身就具有战胜其他意见而存在下来的无可比拟的力量”。[①] 1859年，英国思想家约翰·密尔发表了他的《论自由》，进一步为报刊的自由主义理论提供了有力的论证。密尔特别论述了个人自由的重要性，他说，要想给每个人以公平的发展机会，最主要的是允许个性的差异和独立，任何其他个人或社会力量都无权压制个人的合理愿望；同理，个人有权自由地表达意见和言论，不管这样的意见是对是错，意见的自由表达都对真理的形成有好处。在他看来，任何不经讨论的真理，都会变成空洞的、僵死的教条；如果对任何人发表意见进行压制，也就是对通向真理的道路设置障碍。[②]

网络空间是“虚实结合”的空间，它作为现代社会主要的“意见市场”，已经成为各方力量博弈的新场域。多种诉求与多方利益在网络空间中拉扯，构建出一种多元、复杂的话语格局。人人都有麦克风的时代，网络工具的发明不仅带来技术的革新更是引发一场社会秩序重构的运动。现

---

① 〔美〕韦尔伯·斯拉姆等：《报刊的四种理论》，中国人民大学新闻系译，新华出版社，1980，第51页。

② 李征：《西方“意见市场”理论述评》，《新闻与传播研究》1998年第1期，第55页。

实生活中的身份由于互联网的出现不再呈现唯一性与固定性，行动者在网络空间中拥有的资本与惯习将会形成新的连接模式，与其关系相适配的内容和服务之间也会产生更深层的互动关系，对网络空间意识形态的呈现、走向以及转变具有重要影响。

第一节　作为“场所”的网络“意见市场”

互联网作为一种不同于传统媒介的“高维媒介”，对于社会传播业态的最大改变是将传统的以机构为单位的社会性传播变为今天的以个人为基本单位的社会性传播。互联网作为一种革命性力量，已经并将继续改变着整个社会的资源配置方式和权力结构。迄今为止，互联网初步实现了“人人皆可进行信息表达的社会化分享与传播”的技术民主，社会议程的设置权与社会话语的表达权也进入了人人皆可为之的泛众化时代，为网络空间成为“意见市场”提供技术上的可能性。历史上从未有哪一个时代像今天这样，能让普通个体拥有如此之大的话语权。互联网特别是社交媒体激活了以个人为其基本单位的社会的传播构造，重新分配了社会话语权，并因此改造了社会关系和社会结构。可以说，传播资源的泛社会化和传播权力的全民化，激活了“个人”的社会属性，并带来网络空间的全新态势。对网络空间的认知，需要从传播者、内容生产与呈现、受众的转变、技术的变迁以及文化环境等多个方面展开，以便了解“第一个层面”上作为“场所”的网络“意见市场”。

一　公民新闻繁荣

在“双微”、头条号、直播平台、短视频等平台的支持下，受众已成为新闻生产环节中的重要组成部分，社会化新闻生产和专业化新闻生产已并驾齐驱。除了成为新闻生产者，受众还热衷于参与新闻事件的传播和讨论，通过转发扩大新闻的传播范围，成为新闻二次传播的重要主体，新闻传播由传统媒体时代的“点对面”传播，转向“水中投弹式”传播，每个接收到信息的人同时又成为新的传播主体。不仅“人人皆有麦克风”，受众在新闻生产传播中还呈现更加积极主动的姿态。

与此同时，我们可以看到在面对突发事件时，附近的民众往往比专业的记者更快赶到事发现场，更迅速地发布报道。例如 2015 年“8·12”天津滨海新区爆炸事件，由当地居民第一时间在社交媒体上上传现场爆炸视频及图片，引发网民疯狂转发。8 月 13 日凌晨《人民日报》、财经网、《南方周末》等新媒体也迅速跟进，分别在自家微博、微信及客户端上推送相关新闻报道，引发全民关注。在这个事件中，议程设置的渠道已不再仅仅是“媒体议程—公众议程”的取向，而是展现一种新的“公众议程—媒体议程—公众议程”的议程设置方式，公民新闻繁荣可见一斑。新闻的制作和发布不再属于专业的新闻机构所独有，公民新闻成为学界和业界不得不重视的一个新的现象。公民新闻的出现是网络“意见市场”一大特征。一方面，公民记者扩大了传统媒体的新闻报道面，弥补了时空限制而导致的突发、重要新闻现场专业新闻记者的缺位，以自己的亲历、亲见报道新闻。另一方面，公民记者开创了一种全然不同于专业新闻记者和媒体机构的信源采集形态。公民新闻的繁荣削弱了传统媒体时代的把关机制，导致相关部门对意识形态领域的管控面临挑战。

二 自媒体饱和

所谓自媒体（We Media），又可以称之为公民媒体，普通大众是信息的传播者，由此可以总结出，自媒体是一种普通大众通过现代化的电子手段，向不特定的大多数或特定的单个人，分享他们自身事实或新闻的途径。通俗地来讲，就是公民通过互联网平台发布自身经历或观点的载体。自媒体平台包括博客、微博、微信、短视频、社区论坛等。自媒体有较之传统媒体所不同的特点。一是多样化。自媒体的传播主体来自各行各业，其覆盖的内容广泛，传播内容更加契合实际情况；如“丁香医生”公众号由医学网站丁香园团队研发，是一款面向大众用户的药品信息查询及日常安全用药辅助工具，在澄清朋友圈/互联网上疯狂传播的谣言上发挥着重要作用，吸引了上千万粉丝的关注。二是平民化。自媒体传播者大多来自社会底层，有着“草根媒体人”之称，他们将亲身经历和所遇到的事情传播给大众，更加客观和公正。三是普泛化。自媒体助长了草根媒体的个性张扬，打造了其个体价值，更加体现了民意，使得自我发声形成一种趋势。[①] 自媒体在网络空间中成为一股不容忽视的力量组合。

随着技术的不断进步，新的社交平台不断涌现，普通人只要拥有一部智能手机或者一台电脑就可以建立自媒体，开始传播信息。例如微信公众号是可以支持文字、图片、视频等多种形式的载体；微博也具有文字、图片、视频、Vlog 等多种呈现途径，这些社会化媒体的便利程度不亚于一个专业的网站。近年来，随着新媒体技术的不断发展，自媒体迎来了爆发性的发展时期，相较于传统媒体结构而言，自媒体以其独特的传播方式，将传统媒体由“点到面”的传播方式转化为“点到点”，让传播的信息内容兼具私密性与公开性，更加便于共享和传播。由此，主流媒体声音“一枝独秀”的格局逐渐弱化，人们可以通过自媒体接收来自四面八方的各种不同声音，不用再接受统一声音的引导和告知，每一个人都可以通过自媒体获得独立的资讯，从而对事物进行判断。在众多自媒体中，虽然个体的影响力在整个网络空间中显得分量不足，但其作为整体借助于长尾效应却起到了打破信息垄断和观点单一的巨大作用。主流媒体要想赢得受众，同样需要到网络“意见市场”与自媒体展开竞争，主流媒体的舆论引导功能遭到自媒体竞争者的挑战。

三　内容生产的跨越式变迁

短视频、视频直播正在日益取代传统图文，成为网络空间内容呈现的新兴方式。直播的兴起得益于技术进步和成本下降，也反映了“标题党”泛滥的时代，用户对真实新闻的渴求。而视频直播带来了事件、空间的零距离感，一定程度上符合了公众眼见为实、探究真相的心理预期。当前，除了字节跳动、快手、腾讯等智能技术平台企业大力布局短视频之外，传统媒体升维的智媒体也在积极布局短视频。2016 年 9 月正式上线的“我们视频”，由腾讯新闻和《新京报》战略合作推出，专注于移动端新闻

① 曾苗：《自媒体的爆发性发展对网络空间治理带来的挑战和机遇》，《传播力研究》2019 年第 30 期，第 103 页。

视频的报道，包括长片、短视频和直播。“南方+”、澎湃新闻、封面新闻等都开设专门的新闻视频栏目，《人民日报》也在2019年推出短视频聚合平台“《人民日报》+”，以PUGC（专业用户生产内容）和“人民问政”为主要特色，包含视频、直播、人民问政三个主要功能，致力于打造自主可控的短视频旗舰平台。视频直播逐渐成为网络空间内容呈现的新兴方式，也逐渐成为意见表达的全新途径，在意义构造与意义解读上是对传统图文的“革新”。

此外，VR技术也将在传媒业中有所作为。李普曼曾经指出，技术的桎梏使得传统纸媒时代的舆论绝大部分产生于想象，从而产生了片面的真相。[①] 传统的新闻现场呈现的只能是文字、图片和视频，无法完全展示整个现场状况或完全展示局部细节，受众能看到的只是从记者角度呈现出来的信息。而VR技术带给用户的不是一个画面、一种声音或一段文字，而是一种“体验”。借助VR技术，通过沉浸感去实现叙事视角的转化，由记者的第三人称视角转变为现场的第一人称视角，让观看新闻的用户都可以成为重大事件的目击者或参与者，最大限度地满足了用户的多样化需求，拓展了新闻报道的深度、广度和纬度，在真正意义上实现跨时空的新闻呈现。受限于软硬件及应用结构，当前VR新闻的外在表现、内容制作、实施传输等方面仍存在诸多问题，例如镜头语言构成的画面与现场脱离、网络延迟现象导致VR直播更多的是采取现场画面加上后期制作回访的方式。但随着5G时代的到来，VR市场会逐渐向产业化、规模化发展，从而极大降低VR新闻在内容制作上的实施时间与实现成本，为网络空间的意见呈现提供新的方式。5G时代的到来，网络空间面对的机遇与挑战还远远不止这些，技术的革新还带来了内容与用户智能画像、知识图谱、虚拟主播、写稿机器人等。新闻叙事方式的改变，传播格局的变迁，都将对作为场所的网络“意见市场”带来全新的影响。意识形态的安全问题也不再仅仅局限于传统的文字表达场所，而延展到视频、VR等领域，这些新的呈现方式比文字更难以监测，一定程度上增加了意识形态治理的难度。

---

① 练蒙蒙、叶涛：《5G时代中国江西网对VR新闻的探索实践》，《传媒》2020年第6期，第16页。

四　多元分散的话语权分布

在以往的事件中，政府和传统媒体牢牢地把握着话语权，强势且一元化。长期以来，单向度的宣传成为我们新闻传播领域中价值判断的主流，普通民众缺乏发声和表达意见的渠道。随着互联网的出现，天涯社区、博客、贴吧、微博、知乎、豆瓣等纷纷登场，这给了普通民众发声的机会和平台。新的技术带来了新的讨论平台，社交媒体平台一定程度上成为哈贝马斯口中的“公共领域”，人人都有麦克风。公众拥有新媒体近用权，即新媒体环境下，公众使用媒介以阐述观点、发表言论、表达意见的权利。公众可以对社会事件发表自身观点并有可能成为再次讨论的焦点。话语权由中心化转向去中心化。甚至在议程设置领域开始出现普通民众通过网络的作用主导媒体话语重点的现象。加上商业资本纷纷以参股、合作、收购等多种方式在传统媒体和新媒体领域积极布局，以混合所有制为标志的传媒新体制基本成型。当前的新闻体制呈现以下特点。第一，传统媒体中属于党的喉舌性质的报纸、广播、电视仍坚持国家所有，但互联网上的大部分新媒体属于民营资本所有。第二，以 BAT（百度、阿里巴巴、腾讯）为代表的民营资本在政策的支持下，以参股、合作、收购等多种方式在传统媒体和新媒体领域积极布局。当前传媒业混合所有制成型，新的话语权分布结构呈现多种主导力量的分散式，民营新媒体开始占据一定的比例，资本的多元化必然带来话语权的分散，主流媒体对意识形态领域的把控力度减弱。

五　从受众到用户

现实世界与虚拟世界，自然平台与数字平台，相互交叉，相互包含，从而使人的存在方式发生了革命性的变化。“三微一端”（微信、微博、微视频以及客户端）社交媒体的兴起以及社区平台的不断延伸构成了网络空间独特的文化环境。依托某个传播渠道、单纯接受新闻的受众已不复存在，而代之以“消费者”的角色生活于纷繁复杂的新闻“市场”中，用户需求、用户个性、用户体验成为新闻生产者关注的重点。将“用户”这一经济概念引入新闻生产，体现了受众的消费属性，“顾客就是上帝”的营销思维也有利于媒体更加重视读者的阅读体验。在一系列公共舆情事件中，网络舆论以情感代替事实的倾向尤为明显，事实真相对舆论的影响有所弱化。第一，从信息内容和传播载体看，这是媒体报道与自媒体信息相互混杂的结果，在客观上混淆了信息与新闻、事实与虚构、观点与“口水”的界限；第二，从技术偏向和社会心理看，这又是公众缺乏安全感、信任感的社会情绪结构，在特定议题上被社交媒体爆炸式的传播效能所激发和放大的结果。这时信息效果评判，从显性转向隐性。不是通过理性，而是通过情感影响，避开理性批判与质疑，成见在前、事实在后，情绪在前、客观在后，话语在前、真相在后，使得网络舆论极易偏离理性轨道。显然，作为一种思想观念体系的意识形态更擅长的是理性表达，当面对不论是非、只看心情的非理性境况，意识形态领域的引导与治理难度可见一斑。

六 自组织性

人的本质是一切社会关系的总和，社群是领域内发生作用的一切社会关系。网络作为现实生活的映射场域，以其时空超越性、网络虚拟性，吸引大量网络用户在网络交互平台上“因价值观而聚合，以兴趣点而分众”，诞生出基于“趣缘”的多样化网络社群。网络社群基于现实，但又超越现实，网络的特性使人在一定程度上挣脱了现实束缚，网络社群也拥有建构和重塑现实生活形态的作用。“圈层”是网络社群的一种具体形态，是一些有相似特性的网络用户在某个他们共同喜爱的网络平台上聚集，形成一个个网络聚合体。仅从这个含义上来说，圈层与网络社群无异。[①]

随着互联网的发展和自媒体的兴盛，蓬勃发展的网络舆论空间已成为新的战略场域，网络舆论的形态在各种社会力量的角逐下日新月异。当下我国网络舆论空间处在一个剧烈的变动期，各方行动者在网络空间中的冲突尤显剧烈，各自持有一套不同的舆论经营和行动策略。尽管网

---

① 周琼：《网络社群自组织传播的分享特性对社会资本的影响》，《现代传播》（中国传媒大学学报）2019 年第 9 期，第 157 页。

络空间越来越活跃，舆论互动越来越频繁，网络空间却越来越缺乏共识，甚至走向封闭与对立，尤其体现在一些公共议题上，不同“圈层”的网络言论者有着截然不同的舆论表达。网络“意见市场”在圈层内部的互动、圈层之间的博弈中自组织而形成。网络中不同的“圈层”自行其是、各说各话和缺乏共识，意识形态所希求的“共同的思想基础”越来越难以达成。

第二节　作为“场域”的网络“意见市场”

“场域”是法国社会学家皮埃尔·布尔迪厄（Pierre Bourdieu）[①] 社会学理论的核心概念，他把“场”这一物理学概念，引入社会学解释社会现象，并作为其理论体系的基本概念和分析单位。在高度分化的社会里，社会世界是由具有相对自主性的社会小世界构成的，这些社会小世界是具有自身逻辑的客观关系的空间，就是各种不同的“场域”。简而言之，“从分析的角度来看，一个场域可以被定义为在各种位置之间存在的客观关系的一个网络，或一个构型”。[②] 20 世纪 90 年代，布尔迪厄等学者提出了“媒介场域”概念。[③] 之后，国内外学者开始运用场域理论视角研究媒介领域现象。近年来，随着新兴媒体的出现，社会主义意识形态传播场域历经了从传统场域到新兴场域的变迁。

作为意识形态新兴场域的网络空间是国家生存空间的历史延伸。随着互联网的推广普及，网络空间与现实生活之间的联系越来越密切。网络空间是信息汇集和传递的场所，谁掌握了它，谁就能影响人们的现实需求；谁控制着它，谁就控制着现实生活中人们的态度与选择。可以说“网络空间已成为意识形态话语权博弈的主要阵地”，对社会成员的思维观念的形成产生了深刻影响，也在潜移默化中改变着意识形态话语权的传播路径、表达载体和话语场域。[④]

---

① Pierre Bourdieu，皮埃尔·布尔迪厄，又译作皮埃尔·布迪厄等。

② 〔法〕皮埃尔·布迪厄、〔美〕华康德：《实践与反思——反思社会学导引》，李猛、李康译，中央编译出版社，1998，第 133 页。

③ 〔美〕大卫·克罗图、威廉·霍伊尼斯：《媒介·社会：产业、形象与受众》，邱凌译，北京大学出版社，2009，第 2 页。

④ 饶苗苗、何小春：《新媒体视域下网络空间意识形态话语权的逻辑生成》，《中国矿业大学学报》（社会科学版）2019 年第 4 期，第 15 页。

一 “场域”的构成要素

布尔迪厄场域理论的创立，是具有深刻的社会历史根源和时代背景的。在布尔迪厄的场域理论中，场域是行动者基于惯习，运用资本的网络，原本多是用来分析法国的文艺界问题，在文艺场域中，文艺人基于后天的训练所习得的艺术品位，调用其力所能及的文化资本，在特定的文艺场域中进行互动，争夺文艺资源和结构位置。布尔迪厄把社会场域描述为一种由各种社会地位所构成的多维度空间，社会场域涉及社会资本（各种力量的标准化）、生存心态（惯习、习性或实践感）、特定场域的游戏规则和专门利益等关键概念。①

在作为意识形态新兴场域的网络“意见市场”中，网络“意见市场”中的行动者主要是表达者，主要通过言语进行互动，在网络“意见市场”中直接或间接展开行动；网络“意见市场”所对应的惯习是表达者的言语，即掌握和使用语言的活动，就像不同地方的人操持着不同的方言，他们的笑点、逻辑有时甚至完全不同，具有交流功能、符号功能和概括功能；网络“意见市场”中的资本是话语权，话语权或是现实空间在网络空间的延续，抑或技术赋权下的权利再生，不同的媒体话语权也是有所区别的。它们在网络空间中的能量各异。由此本书中对作为“场域”的网络“意见市场”的理论公式需要重新解读：作为“场域”的网络“意见市场”＝表达者×言语×话语权。即在网络“意见市场”中，表达者凭借各自拥有的资本，在特定的言语指导下，提高自己在“场域”中的话语权，即等同于布尔迪厄所说的“实践”。

（一）表达者

表达者在信息生产和情感表达上既存在差异但也有共通处。网民在网络空间中自主使用言语，看似独立参与社会事件的背后，其实共享着特定的情感、知识与意义，构成一个个“诠释社群”。“诠释社群的概念强调的

① 〔美〕戴维·斯沃茨：《文化与权力：布尔迪厄的社会学》，陶东风译，上海译文出版社，2012，第63页。

是社群成员透过诠释行动对意义的共享，以及这种共享背后的身份认同。这种共享与认同是可以指向多方面的，取决于所讨论对象的不同。”[①] 网民并不是原子化的个体，而是可以被划分为各种彼此呼应、同气相求的社群，存在于网络“意见市场”中。

随着社会改革的进程、社会心态的变化和社会需求的转移，中间阶层与新生代重构网络“意见市场”新生态。社交媒体支撑的“可见性”提供了一个崭新的公共领域。网民可在网络上沟通形成集体认知，搭建集体行动的框架，以一种“无组织的组织”力量展开理性而高效的行动。网络新生代作为网络“原住民”崛起于当前的移动互联网时代，他们的生活方式、生活态度及接收信息、解读信息的方式与上代人截然不同，是真正的互联网群体。例如网络新生代通过各种网络语言、符号，乃至网络涂鸦不仅建构了自我，而且在网络社会中形成他们群体特有的症候，并在现实社会中形成了一种属于自我的特有生活方式，如将“给力”“点赞”“弹幕文化”等加入到网络空间中；2016 年里约奥运会期间号称游泳界“泥石流”的傅园慧及其“表情包”成为极度流行的传播元素。这些新闻语言和新趋势都显示出，在社交媒体的语境下，轻松、有趣、“萌化”的互联网话语正在一定程度上改造着过往传统媒体时政报道中刻板正经、不苟言笑的脸谱式报道风格，以及过往奥运会报道那种运动员“苦大仇深”、大众媒体过度煽情的话语方式。

（二）言语

言语是指人们掌握和使用语言的活动，是人们运用语言这种工具进行交往的过程和结果，是自由结合的，具有交流功能、符号功能和概括功能。语言学家索绪尔在《普通语言学教程》中区分了语言和言语，他“在区分语言和言语的时候分别使用了 langue 和 parole 两个词。Langue 指一个社会共同体中每个说话人和听话人共同运用和遵守的规则，这种规则是抽象的、一般的、相对稳定的。这里的语言有两层含义，一是带有社会属性的个别语言；二是抽象出来的带有普遍意义的语言。Parole 即说话的总和，

① 尹连根、王海燕：《失守的边界——对我国记者诠释社群话语变迁的分析》，《国际新闻界》2018 年第 8 期，第 10 页。

是主动和个人的。它既是动态的说话行为的总和，又是静态的说话结果的总和；既是个人言语行为的总和，也是社会言语行为的总和”。[①] 在网络空间中，言语是网民在面对复杂社会境遇时的独特话语表达。一方面，言语的形成是个体本身的交流习惯以及长期使用互联网的结果，并且在不断使用和学习互联网的过程中生成新的言语或者使言语的内涵发生转变；另一方面，在网络“意见市场”中，话语领域不同所拥有的“言语”也就不同，但在同一话语领域当中，话语权较高的个体言语使用能力也都较高。

互联网技术不仅改变了传统新闻传播的反馈方式，也改变了传统媒体与受众的交流和互动方式。现代网络社会网络流行语的产生和流行，被赋予了很强的社会属性，它是网民对复杂的社会境遇的一种独特的话语表达。不同世代网民的信息生产习惯特点成为备受关注的热点。“90 后”“00 后”迅速崛起，以更加无禁忌、更直接的社会表达方式成为网络新词的主要制造者和使用者。从集体行为的视角看，网络流行语共同建构了网络“意见市场”，显示了网络空间的群体性力量，以及在话语制造方面的集体性行为。与“惯习”相似，言语也是一套持续的、可转换的传播系统，是积淀在网民身上的历史惯习，是使用网络技术的能力、对社会热点事件的敏感度以及网络流行用语的运用，网民将其内化为“第二天性”，实际上也是网民在网络空间中社会化的体现。

（三）话语权

话语权即思想本身和精神本身，话语权即意识形态霸权。意大利共产党领袖安东尼奥·葛兰西（Antonio Gramsci）较为系统地论述了文化霸权（Cultural Hegemony）理论，“在《南方问题的一些情况》中，葛兰西第一次使用了‘文化霸权’这一概念。后在《狱中札记》和狱中所写的书信中，葛兰西明确地把‘统治’（压制）和‘领导’区分开来，通过其‘舆论的一致性’和‘普遍的赞同’强调了文化霸权在媒介化时代的特点，即在西方资本主义社会，尤其是先进的具有较高民主程度的资本主义社会，其统治方式已不再是通过暴力，而是通过宣传，通过其在道德和精神方面

---

① 冯燕：《浅谈索绪尔语言学思想》，《佳木斯教育学院学报》2011 年第 5 期，第 124 页。

的领导地位，让广大人民接受他们一系列的法律制度或世界观来达到统治的目的”。[①] 统治阶级获取文化霸权，“并不是通过简单的强制和压迫手段来进行的。霸权的形成需要以被统治者自愿地接受和赞同作为前提，依赖于达成某种一致的舆论、世界观和社会准则，并且存在着一个斗争、冲突、平衡、妥协的复杂过程”。[②]法国学者米歇尔·福柯（Michel Foucault）较早地从权力的角度研究话语，在他看来，话语本身就是一种实践，体现着一种权力。谁掌握了话语，谁就掌握了权力。“从某种意义上讲，福柯的话语权理论是西方国家占领意识形态和思想文化制高点理论和实践的学术基础。”[③]

网络空间话语权是现实空间话语权的延伸，是技术赋权下的权利再生。不同的媒体话语权也是有所区别的。对于网民而言，所拥有的知识水平、在现实社会的地位、对网络用语的熟悉程度都可以作为其在网络“意见市场”的资本，即所谓的话语权。

二 “场域”的特征

场域是各种位置之间存在的客观关系的一个网络，或一个构型。拥有自身的逻辑和规律。[④] 在场域中，各种力量展开竞争与角逐，其结构充满着各种不确定性。场域内部的变动与外部因素具有密切联系，影响场域的因素使场域充满活力。场域的总体特征是相对自主性和斗争性。

（一）自主性

作为“场域”，网络“意见市场”的一个重要特征就是自主性。社会空间中各种各样的场域都是社会分化的结果，布尔迪厄将这种过程视为场域的自主化过程。一个高度自主化的场域，不仅能把自己的逻辑和规则强加于场域的成员身上，而且还可以渗透到其他场域，影响其内部结构，当

① 雷毓秋：《文化霸权：媒介全球化中的话语权》，《新闻研究导刊》2017 年第 7 期，第 104 页。

② 李震：《葛兰西的文化霸权理论》，《学海》2004 年第 3 期，第 56 页。

③ 习伟：《怎样增强中国话语权》，《前线》2013 年第 10 期，第 37 ~ 38 页。

④ 聂德民：《对网络舆论场及其研究的分析》，《江西社会科学》2013 年第 2 期，第 188 页。

然这种自主性是相对的。其中存在两种“场域”形成途径。一种是处于网络空间中的个体，根据自身的兴趣爱好、利益诉求而自发集合而成的群体，这种群体具有稳定性、长期性的特点，在这个场域当中，拥有自身的独特要求与规定，并且场域内部个体都自觉遵守。例如豆瓣里的各种兴趣小组等，都是根据自身兴趣而参与或者对话题本身有兴趣而关注的，他们当中都拥有自身的规则条款：发帖模式、敏感词语、投票形式以及缩写用语等，这都是场域所自主形成的。另一种是在社会热点事件发生后，个体通过主动寻找、收藏、分享等行为形成不同价值观或者不同的观点，当公众意见通过虚拟互动逐渐达成一致时，信息伴随意见的流动成为“看不见的手”，将原本陌生的个体连接起来，形成舆论的有效扩散，自主形成不同的“场域”。

（二）斗争性

作为“场域”的网络“意见市场”还具有斗争性的特征。在布尔迪厄看来，场域中总是充满着各种力量和策略。网络空间中，最重要的是规则和话语。首先是谁制定了规则，规则对谁有利；谁在说话，为谁说话。大规则是法律所规定的范围，小规则是网络技术运用推广方制定的规则，这种规则的制定具有双向性，它既要满足制定方的目的，同时也要满足客户需求，这种规则的制定与资本有关。网络空间的斗争性分为三种层次。最高层次是规则制定权的斗争，谁掌握着规则制定权，谁就能够在网络空间中发挥最大的影响力。中间层次是话语平台的斗争，谁能够创造开发出新的平台，谁就能聚集更多的网民。比如随着 QQ 群和微信的使用，各大网站校友录几乎无人问津。平台可利用网络影响来获得现实的物质利益，也可利用网络影响来传播思想。最低层次是话语权的斗争，网络话语关系到什么样的声音能够被听到，既需要“话语的分贝”，即谁总是在说话，哪种意见总是被提及和表达，同时也需要“话语的质量”，即谁说的话能够被人接受，能够被推广和转发。在网络空间中，网络话语与媒体的力量联系在一起，也与网民的心理认知联系在一起。为网络“意见市场”辩护的原动力来自“话语权”的不平等分布，不同程度与影响力的话语权必然产生彼此冲突的各种各样的特殊力量之间的距离和不对称性，以及不同的利益。各种各样的特殊力量在热点事件中交织发挥作用，形成网络“意见市场”，并且推动热点事件的不断发展。①

三　传统场域向新兴场域变迁

随着新媒体的迅速兴起，我国社会主义意识形态传播经历了从传统场域向新兴场域的变迁。② 在宏观格局上，互联网深刻地撬动了既有的新闻舆论格局，使得“意见市场”变得更加复杂化，而在舆论产生的微观机制方面，众声喧哗的互联网对新闻传播与舆情发酵也带来了深刻的影响，近年来不断上演的“新闻反转剧”或可成为这方面的一种折射。互联网对用户话语权的释放，用户通过公民新闻和舆论力量，对新闻发展的方向具有改写权，于是我们经常看到新闻的发展态势呈现左翻右转。当下我国网络空间处在剧烈变动期，各方表达者在网络空间中的冲突尤为剧烈，各自持有不同的舆论观点和行动策略。③ 场域变迁中，传播正经历由“传者本位”向“受者本位”的转变。新兴场域的技术赋权使得每一位掌握新兴媒介工具的普通网民都可以成为传播者，传播不仅仅考虑传播者的立场，也要兼顾受众的内在需求。新兴场域中多个舆论场力量展开拉锯，民间舆论场自下而上沸腾的“蒸腾模式”、官方舆论场自上而下倾泻的“瀑布模式”以及西方意识形态的横向渗透构成新兴舆论场传播格局。

（一）民间舆论场自下而上的“蒸腾模式”

新媒体的发展使民间舆论场自下而上沸腾的“蒸腾模式”更加直接和强烈，比较典型的是“‘东方之星’沉船事件”，2015 年 6 月，“东方之星”客轮在南京驶往重庆的途中突遇龙卷风，在湖北监利水域倾覆。以央视为代表的官方舆论场和以微博用户等社交平台为代表的民间舆论场在各自不同的报道中有不同侧重点和态度。报道初期央视及其他传统媒体对沉船事故进行了滚动跟踪报道，内容多集中在介绍这一突发性事件和救援工

① 张碧红、雷天玥：《冲突与整合：舆论场生态与网络舆论空间建构——基于布尔迪尔场域理论的探索性研究》，《今传媒》2017 年第 8 期，第 17 页。

② 王媛媛：《场域变迁视角下社会主义意识形态传播中的问题及对策》，《新闻界》2018 年第 7 期，第 76 页。

③ 张碧红、雷天玥：《冲突与整合：舆论场生态与网络舆论空间建构——基于布尔迪尔场域理论的探索性研究》，《今传媒》2017 年第 8 期，第 15 页。

作的情况以及政府对救援工作作出的指示上。而民间舆论场在初始阶段关注突发事件的发展，为"'东方之星'沉船事故"遇难者进行祈福，通过微博或者微信等平台表达自己的感情，对遇难者表达惋惜，体现出民间舆论场的人文主义情怀。此次事件中，民间舆论场的态度大致分为两类：一种是"专业人士"，即网络意见领袖对沉船事故提出自己的专业推断；另一种是对个人情感的表达，批判央视过多关注救援人员和过少关注遇难者家属。这也是官方舆论场和民间舆论场的立场不同继而关注焦点不同的体现。民间舆论场中的普通民众多关注的是受难的人们，因为他们和普通民众的身份地位最为接近，会有一种代入感，群众容易产生极端的感情，而沉船事故的遇难者也会让群众产生比个人更加强烈的情感。在传统媒体时代，普通大众虽然拥有话语权，但是由于没有直接"下情上报"的途径，难以将对各种现象、问题所表达的态度、意见、情绪让上层精英有所了解。现如今，微博、论坛等新媒体的出现与发展，让人人都拥有"麦克风"，普通大众拥有更多的话语权。相较于央视代表的官方舆论场，从民间舆论场所关注的内容和情感宣泄方式可以看出民间舆论场自下而上沸腾的"蒸腾模式"的构建过程。

（二）官方舆论场自上而下的"瀑布模式"

美国学者乔·萨托利提出了舆论的"瀑布模式"，用以比喻舆论由最高权力阶层不断自上而下引导而形成。他引用了多伊彻的"瀑布模式"进行说明，在多伊彻"瀑布模式"的比喻中，舆论以多阶梯方式自上而下流淌，就像瀑布被一系列水潭切断一样，最上面的水潭由经济和社会精英组成，接下来是政治和统治精英的水潭、大众传播媒介的水潭、意见领袖的水潭，最后是普通大众的水潭，每个水潭都拥有自己独立的态度，以其特有的方式把进入他的领域的信息重新加工一番。

在遵循"时度效"要求的前提下，我国官方媒体往往就一些重大主题宣传、重大政策出台、重大时间节点营造良好的舆论氛围，这种自上而下的舆论氛围营造就是一种典型的"瀑布模式"。如2020年新冠肺炎疫情突袭而至初期，网络空间出现各种声音，舆论的"蒸腾模式"发挥作用。为了对冲民间舆论场的负面影响，中央电视台新闻频道于1月26日推出"战疫情特别报道"，"自播出之日起，'战疫情'每日直播政府新闻发布会，及时准确地传播疫情发展、救治与防控等方面的信息，将政府的声音及时传达给受众”。[①] 官方媒体的发声呈现自上而下倾泻的“瀑布模式”，舆论从官方话语平台发出，自上而下流向民间，把握基调，回应公众关切，起到了融通两个舆论场的效果。

（三）西方意识形态的横向渗透

除了国内官方、民间两个舆论场的力量角逐，网络空间国际环境不断变化，也为网络“意见市场”增添更多复杂性。互联网是一种以个人为中心的传播技术平台，其扁平化的网络结构，以网络新媒体为载体生成的网络舆论，不但凸显和放大了人们思想活动的自主性、差异性、选择性、多变性，而且其天然的反中心、反主流、非意识形态化特点，使网络舆论也呈现口水话、碎片化、民粹化、娱乐化的倾向。国内某些拥有众多粉丝的所谓“公知”“大 V”、各社群的成员也利用其网络影响力随西方国家的论调起舞，以攻击体制和制度作为获取关注度的手段，对网络“意见市场”的价值引导造成负面影响，甚至放任带有资本主义意识形态倾向的信息在网络空间泛滥。“西方媒体更是精心设置议题，恶意炒作，操控舆论，助推历史虚无主义、新自由主义、普世价值论等社会思潮在我国网络空间扩散。这些都在一定程度上削弱和消解了主流意识形态宣传教育的影响力，使得社会主义核心价值观以及优秀传统文化遭到侵蚀，严重危害到我国社会主义意识形态安全。[②]

作为“场域”的网络“意见市场”延续并突破了场域的本质特征。民间舆论场、官方舆论场以及西方舆论场在网络“意见市场”三者之间的博弈需要被持续关注。

---

① 惠东坡、杨欣：《央视〈战疫情特别报道〉舆论引导路径初探》，《当代电视》2020 年第 4 期，第 27～28 页。

② 王永友、史君：《新媒体环境下西方意识形态渗透的实质、方式与应对策略》，《马克思主义研究》2017 年第 2 期，第 107 页。

第三节　作为“场景”的网络“意见市场”

“场景”一词本来是影视用语，指在特定时间、空间内发生的行为，或者因人物关系构成的具体画面，是通过人物行动来表现剧情的一个个特定过程。20世纪60年代，欧文·戈夫曼在他的“拟剧论”中就提出，“场所”不同，人的交往行为也不同。媒介提供的“场景”对交流情景产生重要影响。约书亚·梅罗维茨吸收了戈夫曼和麦克卢汉的部分理论，提出了媒介情景论的主张，他认为媒介决定了情景，媒介变化会导致情景的变化，情景决定交往行为，情景的变化将导致人类行为的变化，他将“场景”看作信息系统。最早把“场景”一词用于传播领域的是罗伯特·斯考伯和谢尔·伊斯雷尔，他们认为场景传播的到来需要技术的支撑，即“场景五力”，分别是移动设备、社交媒体、大数据、传感器和定位系统。[①] 场景传播实质上就是特定情境下的个性化传播和精准服务。对此，彭兰教授也指出“与PC时代的互联网传播相比，移动时代场景的意义大大强化，移动传播的本质是基于场景的服务，即对场景（情境）的感知及信息（服务）适配。换句话说，移动互联网时代争夺的是场景。对于媒体来说，亦是如此。因此，场景成为继内容、形式、社交之后媒体的另一种核心要素”。[②]

在《消失的地域：电子媒介对社会行为的影响》中，梅罗维茨强调了传播媒介对社会场景的影响。“媒介革新的本质是技术的发展，人类历史上几次社会场景的巨大变革，与农业技术、工业革命和信息技术革命等的

---

① 郜书锴：《场景理论的内容框架与困境对策》，《当代传播》2015年第4期，第39页。

② 彭兰：《场景：移动时代媒体的新要素》，《新闻记者》2015年第3期，第20~21页。

产生、发展和广泛应用密切关联。互联网技术作用于社会的方式与以往的任何一种技术的区别在于，它本身就是一种全新社会的结构与组织形式，是整个社会的‘操作系统’，互联网逻辑不仅决定了宏观场景的模式，还渗透至特定的场域，对于社会情境、社会角色与交往规则产生影响。”[①]

一　场景连接打破“信息茧房”

传播媒介所建构的“拟态环境”并非现实世界的镜像式的真实反映，卡茨的“使用与满足理论”认为，受众总是主动地选择自己所偏爱的和所需要的媒介内容与信息，通过接触媒介受众的需要可能得到满足，然而这种接触媒介造成了个人的信息屏障和认知边界。随着获取信息的大数据时代的到来，人们越来越被束缚于“信息茧房”之中。“信息茧房”是哈佛大学法学院教授桑斯坦在其著作《信息乌托邦》中提出的概念，指的是在信息传播中，因公众自身的信息需求并非全方位的，公众只注意自己选择的东西和使自己愉悦的信息领域，久而久之，会将自身置于像蚕茧一般的“茧房”中。[②] 在社会化媒体时代，信息在各团体之间直接或间接地共享，个人对于不在认知范围的信息也能知晓，在一些重要议题上逐渐形成各自的认知和价值观，进而形成各个虚拟“共同体”。随着知识协同生产和众筹文化的兴起，跨界合作不断拓展个人的认知和知识边界，以及借助社交媒体强大的场景连接能力，使得信息在不同的个体、社会团体间快速流动，原本可能存在“信息壁垒”的状态不断被打破。随着不同传播场景的相互感知、连接和智能化融合，传播结构和传播关系正逐渐实现“破茧”和“重构”，进入万物互联互通的场景时代。[③]

人际网络的同质性与异质性不仅影响着创新扩散的速度，还影响着传播网络的信息交流潜力。研究发现，传播网络的信息交流潜力与两个因素有关，一是沟通相近度，二是同质性。也就是说交流者之间关系越远、差

---

① 喻国明、马慧：《互联网时代的新权力范式：“关系赋权”——“连接一切”场景下的社会关系的重组与权力格局的变迁》，《国际新闻界》2016 年第 10 期，第 9 页。

② 喻国明等：《个性化新闻推送对新闻业务链的重塑》，《新闻记者》2017 年第 3 期，第 12 页。

③ 范红霞、戴婉玲：《从“茧房”到“蛛网”：智能化传播中的场景连接》，《东南传播》2019 年第 12 期，第 10 页。

异性越大，则传递的信息越有价值。相似的人之间信息的重叠程度较高，而比较疏远的人往往拥有他人不知道的信息。前者所构成的网络被称为“强连接网络”，后者所构成的网络被称为“弱连接网络”。弱连接网络把各个关系较疏远的派系连接在一起。尽管系统内信息流动通常的途径不是弱连接，但是对于个体或者整个系统来说，弱连接传播的信息至关重要。社会学家马克·格兰诺维特称其为“弱连接优势”理论。当前互联网环境下的智能传播、社交传播将“弱连接”的影响力充分发挥出来，大量随机的“弱连接”在关系网络中发挥桥梁作用，弱连接的一种重要作用是打破现实区隔，使人与人的连接穿透时空、阶层，突破现有关系网络，拓展新的社会关系，“弱连接”将网络空间松散的个体以及群体整合起来，结成紧密的协作关系，以增强社会信息的流动性，弱关系连接提供的外部信息，为网络内部注入了活力，也促进了创新的扩散。弱关系可以在彼此认知程度较低的网络空间中创造出交集的可能性，突破了“熟人社会”的同质化互动，前所未有地实现了信息和资源在不同阶层的共享与交换，这是现实中的弱势群体突破圈子局限、争取话语权至关重要的一环。

随着技术的发展，网络社会进入 Web 3.0 时代，以智能手机为代表的移动设备，有效地沟通了个人体验。生活场景、社群文化和大数据等不同的文化和技术单元，实现了身体、信息、知识、技术和场景的互联互通。在不断去中心化的社会化传播体系中，数据产生是全方位、实时、海量的，媒体产业链上的协作也是网状、实时的。这种开放性的场景连接使原有的信息边界不断被冲击，因此基于个人偏好、路径依赖和认知—行为等形成的“信息茧房”也会不断被打破，信息正在不同群体间通过连接、交互而逐步打破封锁并促进社会关系重塑。①

二 场景引爆舆论流行

移动互联网时代，场景已经成为我们与世界的连接方式，只要有足够价值的信息，就能引爆舆论流行。英尼斯是技术决定论的奠基人，他提出

① 范红霞、戴婉玲：《从“茧房”到“蛛网”：智能化传播中的场景连接》，《东南传播》2019 年第 12 期，第 10 页。

了“媒介偏向论”并分析了媒介和权力结构的关系。他认为任何社会的传播媒介都会极大影响社会组织的形态和人的交往，新的媒介出现会改变社会组织的形态，开创新的交往模式，并促使权力结构的转移，新媒介的出现可以打破旧媒介的垄断。新媒体技术的发展逐渐打破电视、广播的媒介垄断，而“万物皆媒”也是对“传统互联网”垄断的打破，以场景成为流行的新兴引爆力。从 2018 年“给我一顶圣诞帽”到 2019 年“给我一面国旗”刷屏朋友圈，依靠强关系的移动社会化媒体在朋友圈中不断地分享传递，形成滚雪球般的传播效应，最终引爆流行。基于场景的传播立场，传播的内容已经不是人们关注的重点，而逐渐成为一种追随性文化，在“朋友圈”都在开始刷屏“给我一面国旗”时，原本并未关注此类话题的公众也会在“从众心理”的驱动下想显得合群，以获得网络“意见市场”的“在场”，形成网络空间的共同体。

随着社交媒体渗透进人们的生产生活中，越来越多的议题在群体中发酵、演变、高潮和结束。媒介议程也常常受到在社交媒体发端和发酵起来的民间议题影响，公共议题极易引起社会化媒体的广泛热议，从而影响现实决策。正如马尔科姆·格拉德威尔在《引爆点》一书中提到，思想、行为、信息以及产品常常会像传染病暴发一样，迅速传播蔓延。正如一个病人就能引起一场全城流感，一名满意而归的顾客就能让新开张的餐馆座无虚席，这些现象均属于“社会流行潮”。[①] 现代网络的开放性、互动性、无边界性，给这种社会话题的爆发提供了强有力的技术支撑。即使公众都拥有自身喜爱和感兴趣的话题与知识领域，但是在社会化媒体逐渐普及的背景下，出于对社群关系的重视和对其社会资本的维护，公众都必须时时关注所处群体、职业领域和外部环境发生的新变动。“当信息到达社群场景空间后，不同的用户针对同一信息通过留言、转发、讨论等形式进行意见交流。”[②] 社会化媒体上出现的“热搜”“话题榜”等，因为能吸引注意力而成为“热点”，在以内容为依据的算法的强大驱动下，“热门话题”不可避免地被推送至用户浏览的界面当中。在“求知心切”的驱动下，公众有意或无意地参与进来。

---

① 范红霞、戴婉玲：《从“茧房”到“蛛网”：智能化传播中的场景连接》，《东南传播》2019 年第 12 期，第 11 页。

② 韩筱：《社交媒体舆论的“虚拟互动”场景特征》，《传媒》2020 年第 6 期，第 63 页。

事实上，身处社交网络中的人们都有一种深刻的感受，就是现实中的身份、责任、规制仿佛消失了，每个人都可以无拘无束地表达观点张扬个性，在不同的平台和关系中扮演不同角色，现实社会中处于底层或边缘的人，在一个网络社群或游戏中好像坐拥整个世界。特别是微博等社交媒体兴起以来，一种更为乐观的论调认为新的媒介技术推动了古希腊“广场政治”的回归——它通过建构一个广场式的公共对话空间，打破了空间的区域和权力对身体的规训，为人们表达观点、沟通意见、参与政治提供了恰当的场景。[①] 随着人们关注、跟进、议论、转发和追踪等信息传播与交互行为的实行，对话题的持续关注和讨论参与，对用户心态和社会心理都会产生深远的影响，甚至重塑受众的价值取向。

三　场景侵害个人隐私

从关于场景的论述中可以看出，随着不同传播场景的相互感知、连接和智能化融合，传播结构和传播关系正逐渐实现“破茧”与“重构”，并且场景已经成为我们与世界的连接方式，只要有足够价值的信息，就能引爆舆论流行，但是场景的缺陷也是不言而喻的。

场景时代是建立在大数据基础上的后数据时代，移动互联网源源不断地为大数据库提供内容。大数据内容主要来自三个方面：一是人们在使用移动互联网过程中产生的数据，包括文字、图片、视频等信息；二是计算机系统产生的数据，以文件、数据库、多媒体等形式存在，也包括审计、日志等自动生成的信息；三是各种电子设备采集的数据，比如摄像头采集的数字信号、医疗物联网采集的人体各项特征值、天文望远镜采集的宇宙数据等。[②] 互联网大数据全面记录着人们的购物习惯、阅读习惯、检索习惯、好友联络情况等信息，即使数据本身无害但被大量收集后也会暴露个人隐私。场景时代的数据信息生产与个人隐私保护成为一个重要问题，从理论上加以探讨并解决是当务之急。

---

① 喻国明、马慧：《互联网时代的新权力范式：“关系赋权”——“连接一切”场景下的社会关系的重组与权力格局的变迁》，《国际新闻界》2016 年第 10 期，第 7 ~ 8 页。

② 殷悦、郑钧文：《大数据时代下对数据的新认知》，《电子技术与软件工程》2017 年第 4 期，第 180 页。

随着互联网承载的生活功能增多，现实与网络间的隔阂正在逐渐缩小并趋于统一。Web 3.0 的到来，万物互联下用户的身份、生活被进一步暴露在网络空间中，表面上我们拥有“线上身份”数据的所有权，但实际上我们却丝毫无法利用这些数据。大数据时代，万物皆媒、万物互联，任何物体都可以与网络相连接，可穿戴设备、智能家居等都变为可以收集和记录数据的主体。例如智能音箱、VR 眼镜、体感游戏机等这些物体遍布我们生活的周围，甚至已经成为我们生活的一部分。同时，受众的浏览历史、表达行为都会留下相应的数据痕迹。有学者将这些数据痕迹分为两类，一种是数字脚印，另一种是数字影子。除了被动建立的数字影子之外，很多隐私及信息安全问题都与本人数据的建立与公开程度相关。[①] 这无疑加大了隐私保护的难度，同时隐私侵权的边界也在延伸，使得隐私侵权问题变得防不胜防。

社交媒体时代，分享成为日常生活中的一部分，晒微博、晒微信以及各个社交平台上的分享，成为日常生活方式。分享的心理使用户主动公开自己的信息，并不涉及隐私侵犯，但这些数据的公开程度有时会超出信息发出者的预期，甚至可能被别有用心的人所利用。戈夫曼的“拟剧论”认为，在日常交往和生活中，人人都是表演者，而表演与印象管理，是一枚硬币的两面，在网络传播中，这样的表演与印象整饰不仅普遍存在，而且会因为网络虚拟性特点，更容易去进行表演和自我形象塑造。但过度或者不加选择的表演与分享极有可能泄露个人隐私，如地理定位、个人形象等信息通过网络从亲密群体向陌生群体传播，用户主动公开的信息就成为隐私泄露的隐患。

无感伤害是大数据时代隐私侵权的新特点。所谓无感伤害，即侵犯公民隐私权行为客观存在，但隐私主体没有感知到这种伤害。大多数网民的本意是不想曝光自己的信息，但在某些条款要求下，为了获得方便选择舍弃隐私。大数据下场景传播便存在此种特点，用户以隐私交换使用权，并且对这种隐私侵犯逐渐无感。[②] 无感伤害的产生基于大数据存在的客观特征。这便是数字化生存环境下的生存之道。很多软件在使用前必须点击

---

① 李莎莎：《场景与风险理念下的个人信息私法保护》，《天水行政学院学报》2019 年第 3 期，第 68 页。

② 程江雪：《场景传播兴起的动因及影响分析》，《科技传播》2019 年第 11 期，第 41 页。

“我已阅读并同意”的按键，否则就无法开始下一步的操作。例如，为了使用地图软件就必须允许定位自己的位置信息，想要参加餐厅的优惠活动就必须填写自己的手机号码和生日等信息，在此过程中并不是用户意识不到自己的信息被共享，只是这种“隐私”侵犯被用户所接受，与获得的利益和便捷程度相比，其伤害就显得微不足道了。互联网与现实的重叠基于我们在生活中对便利的期待，却也增加了无数个隐私暴露的风险，甚至在不经意间我们自己便“出售”了隐私。

作为“场所”“场域”“场景”的网络“意见市场”构成意识形态言论生发与博弈的虚拟时空环境。在这个虚拟时空环境中，网络虚拟空间作为“场所”构成宏观环境，舆论表达者、言语及话语权等要素所在的“场域”构成中观环境，舆论生发的具体“场景”构成微观环境。作为开展意识形态治理工作的外部环境因素，三者一起构成网络空间意识形态治理的特殊虚拟“地域”。

第四章 CHAPTER 4

网络空间意识形态安全治理的参与主体

当前，我国社会面临着各种各样的新情况，既存在社会思想观念和价值取向日趋活跃、主流和非主流同时并存、社会思潮纷纭激荡的新局面，又面对着世界范围内各种思想文化交流交融交锋的新形势。[①] 从国内网络空间来看，非主流意识形态争夺主流意识形态话语空间，使主流意识形态话语权遭到消解，自由主义、保守主义、新自由主义、新保守主义、民族主义、民粹主义等思潮在互联网上纷涌，彼此交锋不断，影响人们的思想。同时在国际上，“中国威胁论”“中国崩溃论”“普世价值”等西方话语通过网络渗透到网民的思想中，意图削弱中国新一代网民的爱国精神与民族情怀。网络空间生态遭到破坏，为营造良好的网络生态，国家互联网信息办公室出台了《网络信息内容生态治理规定》，自 2020 年 3 月 1 日起施行。该规定指出：“本规定所称网络信息内容生态治理，是指政府、企业、社会、网民等主体，以培育和践行社会主义核心价值观为根本，以网络信息内容为主要治理对象，以建立健全网络综合治理体系、营造清朗的网络空间、建设良好的网络生态为目标，开展的弘扬正能量、处置违法和不良信息等相关活动。”做好网络空间意识形态安全治理工作，不仅要做好党的宣传思想工作，而且要对网络舆论、网络谣言等现象进行引导与约束，这需要政府、社会组织、各个行业、网民等主体共同努力。

① 《习近平在哲学社会科学工作座谈会上的讲话》，人民网，2016 年 5 月 19 日，http://cpc.people.com.cn/n1/2016/0519/c64094-28361550.html。

第一节　政府监管主体

美国学者弥尔顿·穆勒（Milton Mueller）在论著《网络与国家：互联网治理的全球政治学》中指出，假如国家不参与互联网治理，那么问责制度将不复存在，私人权利也难以得到保障。[①] 国家治理主要通过政府等行政体系进行具体的操作，政府监管以国家强制力手段作为后盾，具有其他监管主体所不具有的权力，是网络空间意识形态治理主体中的主导性主体。

一　政府监管的必要性

（一）弘扬主旋律 传播正能量

政府成为网络空间意识形态安全监管的主导主体，是运用网络规律传播主旋律的需要。我国网络空间意识形态安全面临着一系列的挑战，包括西方意识形态渗透、境外反华势力的煽动、多元化思想带来价值观的混乱、网络空间的虚假消息传播等问题。长期以来，以美国为首的西方资本主义国家从未停止过向我国进行意识形态渗透，而文化手段是最有效、最隐蔽、影响最深远的一种手段。在传统媒体时期，这些国家运用电影、电视、图书等媒介，输出西方价值观，特别是好莱坞大片在我国收获了大批“粉丝”，使美国的新自由主义、西方宪政论、“普世价值”论等资产阶级错误思潮在我国传播，收获了一大批资本主义价值观的认同者，消解了我国的主流价值观。随着互联网的发展，西方资本主义国家更是创新意识形态渗透的形式，以更加隐蔽有效的方式侵蚀我国网民的思想，西方价值观

---

① 刘石磊：《网络空间治理已成全球共识》，新华网，2017 年 12 月 5 日，http：//www. xinhuanet. com/zgjx/2017 - 12/05/c_136801427. htm。

无孔不入，造成对中华民族文化与价值观念的严重冲击，运用网络规律，传播主流声音，从而维护网络空间意识形态安全显得尤为重要。

在信息高速传播的互联网上，如果政府的声音缺席或者滞后，非官方话语就会抢占网民的注意力，让人们沉浸于主流话语逻辑之外，最终导致政府的公信力受到伤害，为西方意识形态入侵提供契机。2020年新冠肺炎疫情突袭而至以来，湖北省政府及武汉市政府的公信力之所以被质疑，很大一部分原因就在于初期官方话语的缺席，使人们只能根据民间小道消息进行猜测，增加了网民的信息不确定性，为质疑社会主义意识形态的信息传播提供了温床。随着新冠肺炎疫情在欧美国家大面积暴发，美国总统特朗普将新冠病毒称为“中国病毒”，企图“甩锅”中国，而中国外交部在社交媒体上力挽狂澜，赵立坚连发五条推文质问美国，赢得了广大网民的肯定与支持，并在推特上收获了20余万粉丝。社交媒体具有参与性、互动性、公开性等特点，政府部门要利用好这些优势，先发制人，引导舆论，积极维护主流意识形态，与敌对意识形态作斗争。

网络空间意识形态安全受到威胁，在一定程度上是社会主义优越的意识形态尚未得到人们坚定支持的体现，是中华优秀传统文化尚不能被人们自觉继承与弘扬的体现，是民族自信心不足、文化自我认同不够的体现，因此，政府应牢牢掌握意识形态话语权，顺应媒介融合的时代趋势，利用新媒体传播规律，积极设置官方议题，改变传统的官方话语，以公众喜闻乐见的方式传播主旋律，弘扬正能量，提高主流话语的传播力、引导力、影响力、公信力。

（二）培育宣传队伍 讲好中国故事

政府成为网络空间意识形态安全监管的主导主体，是加强新闻舆论宣传队伍建设、讲好中国故事的需要。习近平总书记指出：“媒体竞争关键是人才竞争，媒体优势核心是人才优势。”[①] 做好党的新闻舆论工作，关键在人。保护网络空间意识形态安全，一方面要采取有力的维护措施，“守”好网络空间阵地，另一方面也要主动“出击”，提升意识形态的传播力与影响力，培养优秀的宣传队伍，增强国家话语权。

---

① 《习近平新闻思想讲义》（2018年版），人民出版社、学习出版社，2018，第178页。

从国际上的话语权来看，占据主导地位的依然是西方发达国家的老牌媒体，因此国际话语权仍然掌握在西方发达国家手中，中国的国际形象长期处于“他塑”之中，“自塑”的宣传队伍在国际上缺乏影响力。过去几年，我国的宣传成果一直不太理想，常常陷入“有理说不出，说了传不开”的尴尬境地，其中一部分原因就是缺乏专业优秀的宣传队伍与人才，不能讲好中国故事。

新闻工作者队伍的素养事关舆论宣传的效果，网络空间意识形态的特殊性要求新闻舆论宣传队伍不仅要有出色的政治素养、理论素养、专业素养，而且要具有创新意识、熟悉网络规律以及熟练运用新媒体的素养，近年来随着新媒体的强势崛起，传统媒体的优秀人才大规模离职，流向新媒体领域，造成官方媒体优秀新闻工作者流失的局面，同时新生力量不能够及时补上人才空缺，不能够满足维护网络空间意识形态安全的需要。为了防止舆论宣传队伍的思想意识偏离社会主义意识形态，必须加强党和政府对舆论宣传队伍的领导，使舆论宣传队伍的人才坚定马克思主义新闻观。

（三）履行政府职能 维护网络主权

政府成为网络空间意识形态安全监管的主导主体，是政府履行职能的需要。国家治理体系和治理能力是一个国家制度与制度执行能力的集中体现，治理体系包括经济、政治、文化等各领域机制、法律法规制度；治理能力则包括内政外交和改革发展，体现的是国家管理社会各方面事务的水平。[①] 网络主权是互联网时代国家主权在网络上的拓展和延伸，维护网络空间意识形态安全是保护国家主权不受侵犯的必要手段，同时网络空间作为现代社会的一部分，对网络空间的治理也不失为政府履行其职能的重要手段。

习近平总书记指出，“西方反华势力一直妄图利用互联网‘扳倒中国’”，一些人企图让互联网成为当代中国最大的变量，“网络意识形态安全风险问题值得高度重视”。[②] 网络的快速发展带来了一系列的发展问题，政府对网络空间的治理速度始终是滞后的，因此网络空间治理意味着政府

① 习近平：《切实把思想统一到党的十八届三中全会精神上来》，新华网，2013 年 12 月 31 日，http：//www. xinhuanet. com/politics/2013 - 12/31/c_118787463. htm。

② 《习近平关于社会主义文化建设论述摘编》，中央文献出版社，2017，第 28、36 页。

需要转变职能，充分发挥政府的主观能动性，不断传播正确的意识形态，加快电子政务建设，努力为人民营造风清气正的网络空间。政务新媒体以新的传播方式成为政府履行职能的重要手段，在舆情事件中，关键词云为政府提供了回应的主要方向，政务微博、微信公众号等为政府回应提供了快速传播的渠道，政府新媒体矩阵为跨部门联合维护网络空间意识形态安全工作提供了平台，有利于形成高效的政府办公模式。

二　政府监管的机构

（一）网信部门

我国网络治理的行政体制长期呈现“九龙治水”的格局，2011 年 5 月，国家互联网信息办公室成立，其职责包括落实互联网信息传播方针政策和推动互联网信息传播法制建设，指导、协调、督促有关部门加强互联网信息内容管理，依法查处违法违规网站等。

2013 年 11 月 12 日中国共产党第十八届中央委员会第三次全体会议通过了《中共中央关于全面深化改革若干重大问题的决定》，该决定明确提出：“坚持积极利用、科学发展、依法管理、确保安全的方针，加大依法管理网络力度，加快完善互联网管理领导体制，确保国家网络和信息安全。”2014 年 2 月 27 日，中央网络安全和信息化领导小组成立并召开第一次会议，习近平总书记担任组长。中央网络安全和信息化领导小组设立办公室作为常设办事机构，中央网络安全和信息化领导小组办公室与国家互联网信息办公室合署办公。2018 年 3 月，根据中共中央印发的《深化党和国家机构改革方案》，中央网络安全和信息化领导小组被改为中国共产党中央网络安全和信息化委员会，中央网络安全和信息化领导小组办公室随之更名为中央网络安全和信息化委员会办公室。

依据《国务院关于授权国家互联网信息办公室负责互联网信息内容管理工作的通知》，国家网信部门的目标是“促进互联网信息服务健康有序发展，保护公民、法人和其他组织的合法权益，维护国家安全和公共利益”，职责是“负责全国互联网信息内容管理工作，并负责监督管理执法”。在网络安全方面，2016 年 11 月 7 日通过的《网络安全法》第五十条规定："国家网信部门和有关部门依法履行网络信息安全监督管理职责，发现法律、行政法规禁止发布或者传输的信息的，应当要求网络运营者停止传输，采取消除等处置措施，保存有关记录；对来源于中华人民共和国境外的上述信息，应当通知有关机构采取技术措施和其他必要措施阻断传播。"

（二）工信、公安等其他部门

除了网信部门作为网络安全的主要管理部门外，其他有关部门也参与到网络安全管理工作中来，其中较为中心的部门主要是工信部门和公安部门，前者负责互联网行业管理，后者负责处理互联网上的违法犯罪活动。《网络安全法》第八条规定，"国家网信部门负责统筹协调网络安全工作和相关监督管理工作。国务院电信主管部门、公安部门和其他有关机关依照本法和有关法律、行政法规的规定，在各自职责范围内负责网络安全保护和监督管理工作"。网信、电信、公安三部门形成互联网治理体系中的"三驾马车"，三部门应相互协同，共同做好网络安全管理工作。《网络安全法》第十四条规定了在群众举报过程中的联动机制，人民群众如若发现危害网络安全的行为，有权向网信、电信、公安等部门举报，"收到举报的部门应当及时依法作出处理；不属于本部门职责的，应当及时移送有权处理的部门"。

在上述"三驾马车"之外，涉及网络空间安全治理的国家级部门还包括中央宣传部、国家新闻出版署（国家版权局）、国家广播电视总局、教育部、文旅部、国家安全部等机构。这些机构就各自主管的领域出台了许多具体的管理规定。

三 政府监管的实践

（一）重视舆论风险预防机制的作用

保护网络空间意识形态安全，防范化解意识形态风险，首先需要建立意识形态风险事前监测预警机制。在监测环节，政府相关部门需要运用互联网信息采集处理等技术对网络上的信息、舆论进行自动化采集与分析，但是这个信息监测不是盲目地对互联网上所有信息进行监测，而是根据一些事件的类型或内容设置关键词进行全网监控，或是锁定特定的网站或信息发布者进行监测。在预警环节中，政府需要完善风险预警等级机制，通过完善舆情风险等级评估指标体系，将舆情预警等级划分为“轻警情（Ⅳ级，非常态）、中度警情（Ⅲ级，警示级）、重警情（Ⅱ级，危险级）和特重警情（Ⅰ级，极度危险级）四个等级”[①]，提前预警，防止轻微舆情演变为舆情危机。其次，政府应该化被动为主动，积极召开新闻发布会，完善新闻发言人制度，通过披露正确的信息将谣言扼杀在摇篮中，实现对舆论的正确引导。

习近平总书记认为，“古今中外，任何政党要夺取和掌握政权，任何政权要实现长治久安，都必须抓好舆论工作”。[②] 而互联网已经成为舆论斗争的主战场，管好用好互联网，是新形势下掌握新闻舆论阵地的关键。[③] 在部分网络舆情事件中，政府常常陷入“塔西佗陷阱”中，给网络空间意识形态安全带来隐患，这是因为在传统的网络空间治理思路中，部分政府部门倾向于采取沉默、删除信息等做法，对网络舆论缺乏监测与引导。在面对负面舆情危机时，官方有时使用“删帖”“封号”等手段，这种强制性的手段更容易激起人民对官方话语的反感，有时还会引发网民的报复性抹黑，为敌对势力进行舆论煽动提供可乘之机。面临这种情况，官方不如采取“冷处理”的方式，并辅以正能量内容的对冲，使其逐渐归于平淡。

同时，各政府部门还应对重大决策事项做好舆情风险评估，“在重大决策实施前，围绕决策的可行性、民意认可度等方面，对项目进行预判，进而调整决策、建立风险防范和处置措施，从源头上预防和减少风险，确保重大决策顺利实施”。[④]

（二）重视谣言传播惩戒机制的作用

俗话说，“造谣一张嘴，辟谣跑断腿”。由于网络空间的匿名性，在法

---

① 吴绍忠、李淑华：《互联网络舆情预警机制研究》，《中国人民公安大学学报》（自然科学版）2008 年第 3 期，第 39 页。

② 《习近平关于社会主义文化建设论述摘编》，中央文献出版社，2017，第 38 页。

③ 黄斌：《习近平网络安全观的涵义与内在逻辑》，《学术研究》2018 年第 4 期，第 5 页。

④ 张莎：《重庆市成立重大决策网络舆情风险评估专家咨询委员会》，中国网信网，2017 年 1 月 12 日，http：//www. cac. gov. cn/2017 -01/12/c_1120295986. htm。

不责众的心理和“匿名制服效应”的保护下，网民常常被淹没在人群之中，再加上惩戒机制的匮乏，谣言便不断滋生，特别是一些人具有功利目的，采用传播谣言的方式让自己获得流量，这些谣言借助互联网传播的即时性和广泛性，在短时间内传至整个网络。互联网空间自身并不能及时辟谣，加上个性化推荐机制的存在，会使得热度比较高的谣言阅读量更大。同时，由于互联网具有记忆功能，谣言信息并不能在网络上得到根除，辟谣的速度往往跟不上新的谣言产生的速度，在这种情况下加强政府的监管干预十分必要。

网络谣言在危害国家意识形态安全方面的影响不可小觑，谣言是一种意识形态，汉斯-约阿希姆·诺伊鲍尔在《谣言女神》一书中表示，“谣言和人一样，不是‘从石头缝里蹦出来的’，它也是一种复杂造物的结果，来自历史，影响历史，更阐释历史，和它的姊妹‘消息’及‘流言’一样借各种各样的媒介登台亮相，比如口头流传、报纸广播、电视和互联网”。[①] 由于网络空间强大的包容性，赋予了每个网民可以发声的机会，各个阶级的意识形态都可以在网络上传播，为一些西方国家利用谣言支配人们的思想，传播西方价值观，达到向发展中国家进行意识形态渗透和文化侵略的目的提供了渠道。

网络不是法外之地，网络谣言肆虐的一个重要原因是造谣成本太低，因此，政府应该加大对网络谣言的制造者和传播者的惩罚力度，完善谣言惩戒机制。目前，我国刑法对网络谣言的治理主要是通过对“造谣”“虚假信息”的治理来展开的。例如，在“颠覆国家政权罪”中规定了对“以造谣、诽谤或者其他方式煽动颠覆国家政权”行为的处罚，在“编造、故意、传播虚假信息罪”中规定了对“明知是编造的恐怖信息而故意传播”“编造虚假的险情、疫情、灾情、警情，在信息网络或者其他媒体上传播，或者明知是上述虚假信息，故意在信息网络或者其他媒体上传播”等行为的处罚。此外，《刑法》第二百九十三条的“寻衅滋事罪”也可对网络传谣的行为进行惩戒。

在全面依法治国方略的指导下，对网络空间意识形态安全的治理也走上了法治化的道路。全国人民代表大会常务委员会于 2016 年 11 月 7 日通

---

① 〔德〕汉斯-约阿希姆·诺伊鲍尔:《谣言女神》，顾牧译，中信出版社，2004，第 VIII 页。

过《中华人民共和国网络安全法》，自 2017 年 6 月 1 日起施行。其中，第五十条规定："国家网信部门和有关部门依法履行网络信息安全监督管理职责，发现法律、行政法规禁止发布或者传输的信息的，应当要求网络运营者停止传输，采取消除等处置措施，保存有关记录；对来源于中华人民共和国境外的上述信息，应当通知有关机构采取技术措施和其他必要措施阻断传播。"

除此之外，自党的十八大以来，国家互联网信息办公室先后出台了《互联网新闻信息服务管理规定》《网络信息内容生态治理规定》《网络安全审查办法》等部门规章，发布了《互联网用户公众账号信息服务管理规定》《互联网直播服务管理规定》《互联网跟帖评论服务管理规定》《微博客信息服务管理规定》《互联网群组信息服务管理规定》《互联网新闻信息服务单位约谈工作规定》等规范性文件，互联网信息服务管理制度逐渐健全，为维护我国网络空间安全提供了制度保障。

（三）重视网络安全约谈机制的作用

2015 年 4 月，国家互联网信息办公室出台了《互联网新闻信息服务单位约谈工作规定》，其中第二条规定，"国家互联网信息办公室、地方互联网信息办公室建立互联网新闻信息服务单位约谈制度"。

作为行政行为的"约谈"，"一般是以行政监管机关（或上级部门）或其工作人员为一方（约谈方），以作为被监管对象的行政相对人（或下级部门）或其委派的代表为另一方（被约谈方），由约谈方就被约谈方在运营或管理工作等事宜中存在的违法违规或不当行为，进行行政指导。主要内容包括但不限于情况说明、意见交换、警示劝诫、责令整改纠正或风险及后果提示等"。①

关于约谈事由，《互联网新闻信息服务单位约谈工作规定》第四条列出了九大类情形：（一）未及时处理公民、法人和其他组织关于互联网新闻信息服务的投诉、举报情节严重的；（二）通过采编、发布、转载、删除新闻信息等谋取不正当利益的；（三）违反互联网用户账号名称注册、

---

① 《专家：规范"约谈"制度有利于完善网络监管》，人民网，2015 年 4 月 28 日，http://politics.people.com.cn/n/2015/0428/c1001-26919579.html。

使用、管理相关规定情节严重的；（四）未及时处置违法信息情节严重的；（五）未及时落实监管措施情节严重的；（六）内容管理和网络安全制度不健全、不落实的；（七）网站日常考核中问题突出的；（八）年检中问题突出的；（九）其他违反相关法律法规规定需要约谈的情形。

约谈机制的建立使国家各级网信部门对互联网治理的实践更加得心应手。如2017年7月18日，北京市网信办依法约谈搜狐、网易、凤凰网、腾讯、百度、今日头条、一点资讯等网站相关负责人，责令网站立即对自媒体平台存在的八大乱象进行专项清理整治。2018年11月，国家网信办会同有关部门，针对自媒体账号存在的一系列乱象问题，开展了集中清理整治专项活动，依法依规处理了9800多个自媒体账号。同时，国家网信办还依法约谈腾讯微信、新浪微博等自媒体平台，对其主体责任缺失，疏于管理，放任野蛮生长造成种种乱象，提出严重警告。

这些被处置的自媒体账号大部分开设在微信微博平台。“有的传播政治有害信息，恶意篡改党史国史、诋毁英雄人物、抹黑国家形象；有的制造谣言，传播虚假信息，充当‘标题党’，以谣获利、以假吸睛，扰乱正常社会秩序；有的肆意传播低俗色情信息，违背公序良俗，挑战道德底线，损害广大青少年健康成长；有的利用手中掌握大量自媒体账号恶意营销，大搞‘黑公关’，敲诈勒索，侵害正常企业或个人合法权益，挑战法律底线；有的肆意抄袭侵权，大肆洗稿圈粉，构建虚假流量，破坏正常的传播秩序。”[①] 这些自媒体乱象，严重践踏法律法规的尊严，损害广大人民群众的利益，破坏良好网络舆论生态，甚至对国家的意识形态安全造成严重挑战。

---

① 《国家网信办“亮剑”自媒体乱象 依法严管将成为常态》，中国网信网，2018年11月12日，http：//www. cac. gov. cn/2018 -11/12/c_1123702179. htm。

第二节　社会参与主体

社会参与主体的主要职能在于通过民间力量开展舆论参与与监督，“通过制造舆论、影响舆论来左右整个网络安全事件的发展”。[①]

一　网络社群的参与

网络社群是网民通过各种网络平台（如QQ群、微信群等）进行的聚合与联系。2016年11月13日，移动互联网第三方数据挖掘和分析机构艾媒咨询（iiMedia Research）发布《2016年中国网络社群经济研究报告》。报告显示，网络社群活跃分布平台排名前五位的分别为：微信群、QQ群、微信公众号、自建网站App与微博。通信聊天与实时资讯类平台最受欢迎，自建App也受到网络社群越来越多的关注。[②] 网络社群的发展经历了以熟人社交为主和以陌生人社交为主的阶段，并进入了基于信任感、某一共同点的第三阶段。在这一阶段，网络社群对社会的发展产生着更深远的影响，如在新冠肺炎疫情常态化防控时期，线上的网络社群从各个方面给予了疫情防控大力支持。除此之外，根据中国互联网络信息中心（CNNIC）于2020年4月发布的第45次《中国互联网络发展状况统计报告》，截至2020年3月，我国网民规模已达9.04亿，较2018年底增长7508万，互联网普及率达64.5%，较2018年底提升4.9个百分点。[③] 这意味着网络社群的

---

① 张卓：《网络综合治理的“五大主体”与“三种手段”》，人民论坛网，2018年5月19日，http://politics.rmlt.com.cn/2018/0519/519254.shtml。

② 《艾媒报告丨2016年中国网络社群经济研究报告》，艾媒网，2016年11月13日，https://www.iimedia.cn/c400/46077.html。

③ 《第45次〈中国互联网络发展状况统计报告〉》，中国互联网络信息中心网站，2020年4月28日，http://www.cnnic.cn/hlwfzyj/hlwxzbg/hlwtjbg/202004/t20200428_70974.htm。

规模将进一步扩大，从而使它的影响力也进一步提升，因此，在维护网络空间意识形态安全方面，网络社群应该承担相应的责任，规范社群成员言行。

由于网络社群具有多元性、匿名性、自发性等特点，在一定程度上促进了谣言及错误意识形态话语的产生与传播，这些话语通过凭空捏造、移花接木等手段制造虚假信息，稀释了主流话语的影响力，并在部分网民群体中形成反对社会主义意识形态的舆论，对维护网络空间意识形态安全提出一定的挑战。如在一些人的微信朋友圈中经常会看到被转发的哈佛校训，甚至还有一个微信公众号的名字叫作“哈佛校训”，“哈佛大学校训：规则比道德更重要”“一句校训，能看出一所大学的灵魂”“哈佛校训：时刻准备着，机会来临便是成功”等五花八门的正能量谣言，有时甚至让人分不清哈佛的校训到底是什么，事实是这些所谓校训都不是真的。但是这种现象并不是传播谣言这么简单，这些披上“哈佛”外衣的谣言在本质上代表了西方意识形态，是西方意识形态在网络社群中的渗透。除此之外，网络社群中极容易出现群体极化、群体无意识、网民情绪化等负面现象，这种现象特别容易被反华势力所利用，影响意识形态稳定，因此，网络社群是维护网络空间意识形态安全的一个重要阵地。

当然，网络社群并不是只有消极影响，在很多社会公共事件发生后，网络社群也发挥了积极的作用。例如在新冠肺炎疫情常态化防控时期，为了及时传递正确的疫情信息与辟谣，在疫情蔓延初期，“A2N”（Anti－2019－nCov）疫情志愿小组创始人杨慧杰等创建了一个叫作“谣言粉碎机”的微信社群，共同运营辟谣的微信公众号。通过这个网络社群，志愿者们进行整理科普、辟谣文档等工作，针对新冠肺炎的科普、辟谣、捐赠信息、文献翻译、实时疫情等不断更新优化辟谣规范。为了保证辟谣的准确性，他们细分了三个小组。第一小组负责收集信息，同时记录内容来源，标注收集人、收集时间，保证可追溯。第二小组是筛选分队，对收集信息进行筛选。第三小组负责求证工作。求证的渠道第一会优先联系当事人，打电话询问，或者问街道办、知情人等；第二会查询官网、官微等通道；第三去搜寻有影响力的官方主流媒体，除此之外还会求助于朋友圈渠道。[①] 网

① 胡德成：《“A2N”疫情志愿小组 一群网友成为了民间“谣言终结者”》，《北京日报》百度百家号，2020年2月12日，https://baijiahao.baidu.com/s?id=1658293316674807653&wfr=spider&for=pc。

络社群作为网络空间意识形态安全治理的社会参与主体之一，如果能够与政府相互合作，更能使网络空间治理工作事半功倍。

二　网络民族主义群体的参与

互联网及新媒体技术的发展造就了网络民族主义的产生。网络民族主义以爱国主义为核心的民族主义精神作为基础，有利于增强民族团结与自信，维护社会主义意识形态话语权。我国网络民族主义群体被冠以各种名号。其中，“网络愤青”“自干五”“小粉红”三种有一定代表性。“网络愤青”一般指思想行为比较激进的左翼爱国主义青年，他们认同中国的社会主义发展道路，往往对一些社会问题表达强烈不满。“自干五”同样对中国社会主义发展道路表示赞同，是中国特色社会主义坚定的拥护者，同时针对一些质疑中国的现象有理有据地进行反驳，这一群体更趋向于理性。“小粉红”是近年来新兴的网络民族主义群体，他们往往以萌化的图片表情、话语言辞表达自己的爱国情怀，对自己的国家充满自信。网络民族主义并不等于极端民族主义，极端民族主义非理性、暴力，甚至会发展为网络民粹主义。网络民粹主义虽然标榜平民立场，强调平民的立场与价值，却充满了非理性，对社会的稳定和意识形态安全带来了极大的冲击。特别是城乡差距、社会不公平等现象加剧了平民对精英的不满，这一宏观的社会环境成为网络民粹主义的温床，为网络空间意识形态安全留下了隐患。

“小粉红”最早出现在晋江文学城，2008 年左右，该网站中的一些海外留学生等青年群体开始表达爱国主义思想，加上晋江文学城的背景采用粉红色，且女性用户的比例比较高，因而得名。随着社交媒体的发展，“小粉红”所包含的范围不断扩大，但同时也伴随着标签化与污名化。人民网评论“小粉红”是“富有文化自信的一代”。人民网舆情监测室在《2016 年中国互联网舆情分析报告》中指出，“在微博平台中，数量庞大的‘小粉红’凝聚在一批共青团系统官方微博周围，在帝吧出征反‘台独’、表情包大战、南海仲裁事件等涉及爱国表达的热点事件中，表现出‘90 后’强大的自我动员与组织能力”。[①]“小粉红”群体以其强烈的

① 《2016 年互联网舆情分析报告》，人民网，2016 年 12 月 22 日，http：//yuqing. people. com. cn/GB/401915/408999/index. html。

爱国热情活跃在互联网上，对维护网络空间意识形态安全具有积极的促进作用。

“小粉红”群体的崛起，扩大了网络空间中的政治参与力量，尽管他们本意并非参与政治活动，但是在涉及国家民族的事情面前，他们的行动俨然已经成为政治活动的一部分。“小粉红”的行为在网络空间中表现出以下特点。一是自我组织性。克莱·舍基在《人人时代：无组织的组织力量》中提出了“无组织的组织”概念：“出现的公众事件，绝不仅是来自草根的随兴狂欢，而是在昭示着一种变革未来的力量之崛起，基于爱、正义、共同的喜好和经历，人和人可以超越传统社会的种种限制，灵活而有效地采用即时通信、移动电话等新的社会性工具联结起来，一起分享、合作乃至展开集体行动。”[①]“小粉红”群体成员彼此或许并不熟识，他们基于趣缘这样一种途径在网络空间集结，成员之间分工明确，在共同目标的导向下成为“无组织的组织”进行行动。二是强烈爱国性。从年龄来看，“小粉红”群体以“90后”“00后”的年轻人为主，这些人经过从小学到高中的政治课堂，大学时期的马克思列宁主义、毛泽东思想、习近平新时代中国特色社会主义思想教育，形成了坚定的爱国情怀，极度拥护党与国家。三是表达非主流性。以粉“爱豆”[②]的方式粉国家成为近几年来流行的一种爱国行为，他们的表达方式不同于官方主流的评论引导，而是以表情包等萌化的非主流形式表达态度，除此之外，“种花家”“阿中哥”等亲切的话语进一步增进了人民与国家之间的情感，而且更易于使人接受，传播效果更好。

“小粉红”群体作为天然的社会主义意识形态追随者，已成为在互联网空间反敌对意识形态的重要力量，他们在网络民族主义事件中积极地发挥作用，维护国家形象与民族利益。当然，他们也有自身的局限性，在一些集体行动中有时缺乏理性而容易被利用。因此，要想使这一群体在维护网络空间意识形态安全方面发挥更大的作用，党和政府对他们进行适度的引导与规范是必要的。

① 〔美〕克莱·舍基：《人人时代：无组织的组织力量》，胡泳、沈满琳译，中国人民大学出版社，2012，第92页。

② 爱豆，网络流行词，英文idol的音译，意为偶像。

三 网络“公知”群体的参与

“公知”是公共知识分子的缩写与简称，公共知识分子的概念最早由美国历史学家拉塞尔·雅各比在其1987年出版的《最后的知识分子》一书中首次明确提出：“公共知识分子”是“把普通的或有教养的人当做听众，从外部审视文化生活的专业化，主动界定文化政治并且始终保持自身的纯洁感”的“公共思想家”。[①] “公共知识分子”的概念在21世纪初期进入学界视野，引起了激烈讨论。2004年《南方人物周刊》策划了一个名为“影响中国：公共知识分子50人”的人物评选活动，它的核心评价标准是“具有学术和专业素质”“进言社会并参与公共事务”“具有批判精神和道义担当”，这三个标准在一定程度上构成了中国“公共知识分子”概念的本质。“公共知识分子”在社会活动中的意义是巨大的，知名学者许纪霖认为公共知识分子的“公共”有三方面的含义：第一是面向（to）公众发言的；第二是为了（for）公众而思考的，即从公共立场和公共利益而非从私人立场、个人利益出发；第三是所涉及的（about）通常是公共社会中的公共事务或重大问题。[②] 但是随着“公共知识分子”影响力的扩大发展，这一名词在互联网上逐渐被简称为“公知”，并开始有了污名化的倾向，这一群体的社会影响力也不断缩水。

需要肯定的是，“公知”在一定程度上对社会的发展具有积极影响，他们可以通过舆论监督等方式监督政府行为，促进政府提升行政水平。他们熟悉各自所在领域的专业知识，每当有社会热点事件发生时，他们就会以专家的身份进行点评，吸引一批认同他们观点的网友的支持，在网络上形成民间舆论场，促进社会问题得到关注与解决。2011年1月25日，于建嵘教授在微博上开设了“随手拍照解救乞讨儿童”的微博，起因是1月17日一名母亲让他帮忙发微博，寻找失踪的孩子。随后网友纷纷将乞讨儿童照片上传至微博，希望家中有孩子失踪的父母能借此信息找到自己被拐的孩子，引发了民众的“微博打拐”热潮，各地公安部门也参与其中。但

① 〔美〕拉塞尔·雅各比：《最后的知识分子》，洪洁译，江苏人民出版社，2006，第4页。

② 许纪霖：《从特殊走向普遍——专业化时代的公共知识分子如何可能?》，爱思想网，2010年11月2日，http：//www. aisixiang. com/data/37021. html。

有时“公知”的发言也会吸引一批不认同他们观点的网友的反对，在网络上引发一场“骂战”，有些“公知”引导自己的粉丝与对立观点阵营的网友“对骂”，影响网络社会的和谐与稳定。

需要警惕的是，也有一些“公知”的言论强烈冲击了我国马克思主义意识形态的指导地位，丑化了党和政府“为人民服务”的公仆形象，增加了人民对政府的不信任感，严重威胁了网络空间的意识形态安全。还有一些“公知”以双重标准看待我国和西方发达国家。由于我国正处于社会改革攻坚期，某些领域社会矛盾较为突出，不公平现象时有发生，在这种环境中，这些“公知”的发言极易引起人们的认同感，形成大规模的传播，威胁社会主义意识形态安全，因此，维护网络空间意识形态安全要十分警惕这类群体。

第三节　行业责任主体

社会组织在社会治理中发挥着整合资源、分担政府职能、维护社会稳定等作用，互联网的发展形成了一个网络社会，网络空间的治理同样需要行业组织的参与。2018 年 5 月 9 日，中国网络社会组织联合会成立，该联合会是中国首个由网络社会组织自愿结成的全国性、联合性、枢纽型社会组织，由国家网信办主管。其宗旨是在党和政府的领导下，积极发挥桥梁纽带作用，统筹协调社会各方资源，促进网络社会组织发展，凝聚网络社会组织力量，强化网络社会组织的作用发挥。其业务范围包括“组织网络社会组织加强网上正面宣传”“参与网络社会治理”等 14 个方面。

根据中国网络社会组织联合会的名单，首批会员单位总共有 300 家网络社会组织，其中全国性网络社会组织 23 家，地方网络社会组织 277 家，这些网络社会组织行动力强、覆盖面广，成为维护网络空间意识形态安全的重要参与主体。这些组织既包括中国互联网协会、中国网络空间安全协会、中国青少年新媒体协会等行业组织，也包括人民网、新华网、新浪网等互联网企业。除了互联网领域的行业组织与企业，网络空间意识形态安全的维护，同样需要媒体行业组织与企事业单位的共同参与，如中华全国新闻工作者协会等行业协会，《人民日报》等传统媒体组织。

互联网的发展为各行各业带来了发展的契机，抖音、快手、今日头条等平台顺势而起，不仅改变了人们的生活方式，而且收获了巨大的流量利益。大数据技术、个性化推荐技术改变了人们的信息获取习惯，使人们沉浸于自己所热爱的信息海洋当中。与此同时，流言、谣言等有害信息也充斥网络，严重污染了网络空间，要想营造风清气正的网络空间，需要政府团结社会组织与各行各业共同行动。

一 主流媒体

美国著名报人约瑟夫·普利策曾把新闻记者比作“社会的瞭望者”，他认为，“假使国家是一条船，新闻记者应是站在船桥上的瞭望者，他要在一望无际的海面上观察一切、审视海上的不测风云和浅滩暗礁，及时发出警报”。[①] 网络环境中存在着纷杂的信息，社会上每天都在发生着各种各样的事情，但并不是所有的信息都能够被人们接收到，“瞭望者”的比喻表明了媒体行业的责任与使命，媒体行业工作者对新闻的报道与否，以及报道的立场是否正确影响着网络空间意识形态的安全。

媒体是党和人民的耳目喉舌，通过媒体，党和政府有了向人民传达决策信息和倾听民意诉求的渠道，人民有了接收官方政策信息与向上反映需求的中介，网络新媒体的发展扩大了“耳目喉舌”的阵地，但也出现了“假新闻”“带节奏”等噪声影响媒体发挥“耳目喉舌”的功能，因此网络媒体肩负的责任随着互联网的发展而增大。近年来，很多社会热点事件、群体性事件都是在网络空间中发生的，其中不乏一些事件是由官方与民间信息的不对称导致的，官方信息如果发布不明确，容易导致民间猜测、谣言传播，或者是人民在线下投诉无门，只能选择在网上进行披露，这种情况会直接造成官方与民间的对立，最终造成人民对政府的不信任，降低政府的公信力。特别是在一些负面舆情事件中，如果政府信息回应不够及时，往往会引发次生舆情，导致人民对社会主义意识形态产生怀疑。

马克思主义新闻观作为科学的世界观与方法论，正随着我国社会发展的实际不断地完善，发挥着指导新闻工作、引导主流意识形态价值取向和保护意识形态安全的作用，它要求新闻媒体遵守党性原则。互联网空间中的新闻媒体同样需要坚定不移地坚持党性原则，只有这样才能更好地为党和人民服务，当好党和人民的“耳目喉舌”。因此，在网络空间意识形态安全治理中，新闻媒体行业工作者需要积极践行马克思主义新闻观，增强

① 陈新华、邹仕杰：《文艺作品如何反映党风廉政建设》，新华网，2016 年 5 月 17 日，http：//big5. news. cn/gate/big5/www. xinhuanet. com/politics/2016 －05/17/c_128989676. htm。

脚力、眼力、脑力、笔力，承担作为“耳目喉舌”的责任。

在2016年召开的党的新闻舆论工作座谈会上，习近平总书记指出：“党的新闻舆论工作是党的一项重要工作，是治国理政、定国安邦的大事”，强调“做好党的新闻舆论工作，事关旗帜和道路，事关贯彻落实党的理论和路线方针政策，事关顺利推进党和国家各项事业，事关全党全国各族人民凝聚力和向心力，事关党和国家前途命运”，并指出“在新的时代条件下，党的新闻舆论工作的职责和使命是：高举旗帜、引领导向，围绕中心、服务大局，团结人民、鼓舞士气，成风化人、凝心聚力，澄清谬误、明辨是非，联接中外、沟通世界”。[①] 但由于新媒体赋予普通人以话语权，人人都有“麦克风”，任何人都可以在网上发表自己的观点，这在一定程度上稀释了主流媒体的话语权，弱化了主流媒体的舆论引导力，对主流媒体的舆论引导工作提出了挑战。但主流媒体多年来积攒下的公信力是新媒体所不具备的，在一些重大事件中，主流媒体要善于利用新闻评论表达官方的权威声音来赢得人们的认同，夯实主流意识形态的思想根基。

相对于传统媒体，新媒体准入门槛较低，并且把关人的作用被弱化，“后真相”“虚假新闻”“网络水军”等现象往往会被敌对势力利用并加以错误引导，危及我国社会主义意识形态。在这种情况下，意识形态工作的领导权、管理权、话语权更加不能旁落他人。互联网空间作为意识形态斗争的主要阵地，如果我们不去占领，那么敌人就会去占领，因此，主流媒体作为党和人民的耳目喉舌，必须承担起弘扬主旋律的责任。

近年来，《人民日报》、新华社等主流媒体在重大主题网络宣传方面锐意创新，形成强势的正面舆论。“在党的十九大宣传报道中，新华社推出‘点赞十九大，中国强起来’系列互动报道产品，10天内网友参与人次超5亿，总页面浏览量过30亿次。”[②] 这些创新产品，拉近了党与网友的距离，使党牢牢掌握了网络空间意识形态的主导权。

二　互联网企业

未来学家阿尔温·托夫勒说：“世界已经离开了暴力和金钱控制的时

---

① 《习近平谈治国理政》第2卷，外文出版社，2017，第331～332页。

② 《习近平新闻思想讲义》（2018年版），人民出版社、学习出版社，2018，第124页。

代，而未来世界政治的魔方将控制在拥有信息强权的人手里，他们会使用手中掌握的网络控制权、信息发布权，利用英语这种强大的文化语言优势，达到暴力金钱无法征服的目的。”① 随着5G、区块链、大数据、物联网、云计算和人工智能的发展，国内国际的网络与信息安全问题也日益突出。以美国为首的西方资本主义国家凭借强大的资金技术优势占据着互联网空间的霸主地位，信息富有国与信息贫穷国之间的差距不断扩大。由于发展中国家资金技术的缺乏，不得不依靠发达国家的援助，发达国家借此控制着发展中国家的信息数据及发展方向，导致发展中国家网络空间意识形态陷入被动局面，特别是美国将国家主权行使到除领土、领海、领空之外的互联网空间，互联网空间主权成为互联网时代各个国家主权的重要组成部分，对此，互联网行业需要承担维护网络空间意识形态安全的相应责任。

科学技术是第一生产力，互联网企业在维护网络空间意识形态安全方面，首先需要加强对人才队伍的培养与核心技术的研发。5G时代的到来使我国获得了“弯道超车”的机会，目前，我国的5G技术已经领先于世界各国，华为公司率先推出的5G手机增强了网民的民族自豪感，从而更加坚定我国的道路自信、理论自信、制度自信和文化自信，有利于维护我国的社会主义意识形态稳定。在某种意义上，技术也是意识形态，我国5G技术的领先也招致了美国对华为公司的打击，美国政府以安全问题为由，公开将华为拒之门外。不仅如此，美国还游说全球其他盟友也对华为采取封锁措施。2018年8月23日，澳大利亚政府宣布禁止华为参与澳洲5G网络基础设施建设后，新西兰、加拿大也紧随其后。12月，英国最大电信运营商英国电信（BT）宣布将华为从其核心5G网络竞标者名单中移除。以美国为首的西方资本主义国家并没有充分的证据来证明华为的设备存在安全问题，这一切理由只是基于美国意识形态战略的考量。长期以来，美国等资本主义国家凭借在技术等方面的优势控制全球信息的流动，宣扬资本主义意识形态的优越性，控制全球舆论方向。目前，随着技术创新，社会主义国家正在逐渐改变这种被动的局面。

其次，互联网企业必须坚持党的领导，使企业文化与社会主义核心价

① 〔美〕阿尔温·托夫勒：《权力的转移》，刘红译，中共中央党校出版社，1991，第465页。

值观相适应。事实上，我国很多互联网企业的大额股份曾经一度被境外资本占有，据《新京报》2014 年报道："1999 年至 2005 年间，日本软银集团先后向阿里巴巴投资 8000 多万美元。2005 年，雅虎向阿里巴巴注资 10 亿美元，不过在随后几年被马云部分赎回。目前，日本软银集团和美国雅虎分别持有阿里巴巴 36.7% 和 24% 的股权。1998 年 11 月，腾讯科技成立，IDG 和盈科数码分别向腾讯投资 220 万美元，各占腾讯股份的 20%。随后，来自南非的传媒企业米拉德国际控股集团从盈科数码和腾讯创始人团队手中收购股份，目前，米拉德持有腾讯 33.93% 的股份，为腾讯第一大股东。2000 年 9 月，美国风投公司德丰杰联合 IDG 等其他几家财团，向刚刚成立 9 个月的百度投资 1000 万美元。目前，德丰杰持有百度 25.8% 的股份，为百度第一大股东。"[①] 外资控股的企业虽然没有介入经营，但不可排除随着话语权的扩大而影响企业内部文化与意识形态的可能性。因此，对于境外持股占比较大的国内互联网企业需要更加留意，加强意识形态建设，确保意识形态安全。

三 大数据公司

习近平总书记在向 2019 中国国际大数据产业博览会的致贺信中指出，"以互联网、大数据、人工智能为代表的新一代信息技术蓬勃发展，对各国经济发展、社会进步、人民生活带来重大而深远的影响"。[②] 大数据拥有大量（Volume）、高速（Velocity）、多样（Variety）、价值（Value）等特点，这些特点使我们可以获取无比丰富的信息，并且以超高速度对其进行信息处理。当我们把大数据技术用于主流意识形态的研判时，也使得原本隐藏在人民大众和社会生活中的意识形态状况变得具体和"有形"。[③] 互联网是有记忆的，网友的一举一动都会被记录在数据库之中，这些言行通过大数据技术以动态图画的方式呈现给官方，成为官方了解网民思想动向的

① 张轶骁：《那些中国互联网企业的外资股东及持股比例》，《新京报》电子版，2014 年 3 月 19 日，http://epaper.bjnews.com.cn/html/2014-03/19/content_500806.htm?div=-1。

② 《习近平向 2019 中国国际大数据产业博览会致贺信》，新华网，2019 年 5 月 26 日，http://www.xinhuanet.com/politics/leaders/2019-05/26/c_1124542854.htm。

③ 陈丽荣、吴家庆：《大数据时代党的意识形态话语权探析》，《思想理论教育导刊》2018 年第 8 期，第 107 页。

基础。大数据技术还有一项重要的功能是通过大量的挖掘、分析数据进行预测，这项功能可以帮助官方提前预测可能发生的意识形态危机，并提前调整相应工作，防止危机爆发。

网络空间中的数据信息量是极其庞大的，这些数据信息中蕴含着多种意识形态，大数据与区块链技术的结合能够精准地定位与敌对意识形态相关的信息，然后进行针对性处理。大数据在互联网上进行高速变化，在这个过程中，各种意识形态之间激烈碰撞，也存在削弱马克思主义意识形态的领导地位的可能，给网络空间的意识形态安全治理工作带来隐患。因此，网络空间意识形态治理工作除了需要政府、社会组织等主体参与，还需要与数据公司协同工作。

目前，大数据技术给意识形态工作带来以下挑战。第一，数据信息防护能力较弱导致数据泄露，网络黑客的存在进一步加剧了个人甚至国家数据信息泄露的风险，这些数据轻则被不法分子利用谋取暴利，重则利用这些信息煽动舆论，损害国家利益。例如在 2016 年美国总统大选时，脸书（Facebook）上超过 5000 万用户信息数据被“剑桥分析”公司泄露，用于大选时针对目标受众推送广告，从而影响大选结果。第二，侵犯个人隐私引发社会不安。在这个大数据时代，我们毫无隐私可言。互联网信息技术的发展，一方面便利了人们的生活，另一方面使人们“裸奔”于互联网空间之中，人们的每一次浏览活动、每一次发言都轻而易举地被互联网记录，这些数据信息永久地存储于各个数据公司的数据库之中。在一些社会热点事件中，个人隐私的泄露有时还会产生“人肉搜索”现象，进而上升为网络暴力与线下暴力，严重污染网络空间，当事件扩大到一定规模时，是不利于社会稳定的。数据资源成为当今时代的宝贵财富，保护数据资源的安全成为数据公司所有任务的重中之重。但很多企业对个人数据的读取并未经过个人的同意，侵犯了用户的隐私权，这不是一个负责任的企业应有的行为。

大数据技术为我国抵御西方发达国家意识形态渗透提供了技术支持，缩小了与发达国家之间的技术鸿沟，但也带来了数据泄露，进而引发意识形态造侵蚀的风险。对此，我们应提高警惕，克服大数据技术相关的各项缺陷。

四 社交平台

在现代社会中，社交平台成为人们传播与获取信息的重要窗口。2020年1月9日，2019微信数据报告如期发布，截至2019年9月，微信月活跃账户数11.51亿。[①] 2020年2月26日，微博发布2019年第四季度及全年财报。数据显示，截至2019年底，微博月活跃用户数达到5.16亿。[②] 国外的社交媒体方面，每月有超过27亿人使用Facebook、Instagram、WhatsApp或Facebook Messenger，其中Facebook每日活跃用户人数平均值为15.9亿人，月度活跃用户人数为24.1亿人。[③] 随着日活用户数量的增多，社交平台成为大型人口聚集地，也成为传播意识形态的重要渠道之一，因此，社交平台需要承担传统的把关人的职责，完善平台上的信息审查制度，使有损主流意识形态的言论受到遏制是社交平台应尽的社会责任。

根据以上数据，国外社交平台的月活用户数量远高于我国国内社交平台月活用户数量。可见，在全球"意见市场"，国外社交平台的影响力远超于国内社交平台，而国外社交平台由西方资本主义国家所控制，这种情况为敌对意识形态的传播提供了便利。

习近平总书记指出，"人在哪里，新闻舆论阵地就应该在哪里。对新媒体，我们不能停留在管控上，必须参与进去、深入进去、运用起来"。[④] 社交平台成为新时期的舆论阵地，但是社交平台自身的特点使舆论并不总是朝着官方所希望的方向发展。首先，社交平台上信息容易出现病毒式传播，信息被传播者发出后，一传十，十传百，在短时间内会在网络空间内形成强大的舆论潮，产生不可忽视的社会影响。其次，由于参与讨论的网民群体是复杂的，因此舆论的发展方向很难得到统一，极容易脱离官方的

① 《微信发布数据报告：截止到去年三季度，微信月活账户数为11.51亿》，腾讯网，2020年1月9日，https://tech.qq.com/a/20200109/051470.htm。

② 《微博月活跃用户达5.16亿 竞争壁垒依旧稳固》，新浪网，2020年2月26日，https://tech.sina.com.cn/i/2020-02-26/doc-iimxxstf4598954.shtml。

③ 《Facebook：2Q17旗下产品月活用户超过27亿人》，中文互联网数据资讯网，2019年7月27日，http://www.199it.com/archives/912501.html。

④ 《习近平总书记重要讲话文章选编》，党建读物出版社、中央文献出版社，2016，第429～430页。

掌控，被境外势力恶意引导，引起意识形态危机。鉴于此，我们不仅需要规范国内社交平台的内容审核工作，也要重视在国外社交平台上进行国家形象的塑造以及针对敌对意识形态的反渗透工作。

算法推荐是社交平台一种新的信息推送方式，“反复、不断流动的政治信息、政治话语、政治符号等是意识形态的现实表征，意识形态的存在和功能发挥须依赖这些政治信息、话语、符号的不断流动，在流动中呈现出自身的特点与功能指向”。[①] 在传统媒体时期，信息报道与否以及信息报道的分量多少是由记者、编辑、主编等工作人员决定的，这种把关环节将错误的意识形态内容排除在外。算法推送改变了这种情况，社交平台根据某一信息的搜索热度及“用户画像”向用户推送信息，但是对信息的真伪以及政治立场正确与否并不负责，算法推荐所形成的“回音室”与“过滤气泡”将用户包裹在自己所喜欢的信息世界之中，将其他的信息排斥在外，容易造成“信息茧房”的现象，给舆论引导工作带来新的挑战。当然，“只要技术背后的价值理性不屈从于工具理性，算法推荐技术也可以对主流意识形态的传播发挥积极作用”。[②] 社交平台需要进一步完善信息的推送方式，优化算法程序，向用户推送符合社会主义核心价值观的信息。

---

① 施惠玲、杜欣：《政治传播与主流意识形态构建》，《社会科学战线》2016 年第 9 期，第 159 页。

② 张志安、汤敏：《论算法推荐对主流意识形态传播的影响》，《社会科学战线》2018 年第 10 期，第 182 页。

第四节 网民自律主体

一 网民的媒介素养需要加强

我国网民的上网时长正在不断增加，网络成为人们一个重要的生活领域，在这个领域中，网民通过微信、微博等社交平台发表意见，其中拥有相同观点的网民聚集成为一个舆论群体，与不同观点的网民进行言论交锋，语言表达的非理性是网民发表观点的特点之一。

2016 年 11 月，《牛津词典》将“post truth”（后真相）评为英语世界年度热词，将其界定为“诉诸情感及个人信念比陈述客观事实更能影响舆论”的情况。《纽约时报》将“后真相”称为“情感及个人信念较客观事实更能影响舆论的情况”。2019 年 10 月 23 日，英国警方通报在英格兰埃塞克斯郡一个工业园区的集装箱货车里发现 39 具尸体，疑似为中国人。在案件刚刚启动调查程序尚未有结果时，美国有线电视新闻网（Cable News Network，CNN）便报道称这 39 名遇难者身份为中国国籍，在国际上引起了广泛的关注，在 CNN 报道的诱导下，某些网民不顾事实真相，网络上抨击中国政府的舆论甚嚣尘上，对中国的国家形象产生了负面影响。直到 11 月 7 日，越南正式确认 39 名遇难者全部为越南公民，事实得到反转后，网上甚至还有网民辩解的言论，认为“中国人有偷渡的先例，又是亚洲人，第一眼怀疑不正常吗?”这些网民所表现出来的非理性言行，不仅给我们的社会生活带来负面影响，还一定程度上危害网络空间的意识形态安全。在“后真相时代”，网民需要加强辨别信息真伪的能力，多方求证信息，避免被敌对意识形态当作“情感武器”，损害国家利益。

极端性是网民的另一个特点，在“被社会孤立的恐惧”的心理机制下，持有少数派观点的网民渐渐保持沉默或者抛弃自己的观点向多数派靠拢，产生群体极化现象。美国学者詹姆斯·斯托纳在1961年提出群体极化的概念，是指在群体中进行决策时，人们往往会比个人决策时更倾向于冒险或保守，向某一个极端偏斜，从而背离最佳决策。[①] 群体极化现象往往伴随着网络群体性事件的发生，从近些年的网络群体性事件来看，其中一些不乏渗透着意识形态的色彩，在这些事件中，网民的情绪往往处于极端肯定或极端否定的状态，对当前意识形态的态度便隐藏在这种情绪之中。

维护网络空间意识形态安全需要网友的理性参与，理性要求网友既不被“有心之士”所利用，也不陷入极端而对社会产生负面影响。网民是网络空间的参与者和建设者，应该积极履行维护我国主流意识形态安全的责任与义务，始终以理性参与网络空间中的公共事务。然而，由于当前某些网民存在“三低”（低年龄、低收入、低文化程度）状况，培养理性的网民并不是一件容易的事情，不仅需要加强对网民的媒介素养教育与指导，培养他们维护主流意识形态的自觉性，而且需要完善的规劝与惩戒制度措施进行“硬”规范，以软硬相结合的方式将网民的言行引导到符合社会主义核心价值体系规范中来。

二　青年学生的思想教育需要创新

我国网民结构除存在“三低”的情况外，还呈现“三多”的特征，即在校学生多、企业人员多、无业人员多。据中国互联网络信息中心发布的第45次《中国互联网络发展状况统计报告》，截至2020年3月，20～29岁、30～39岁网民占比分别为21.5%、20.8%，高于其他年龄群体。在我国网民群体中，学生最多，占比为26.9%；其次是个体户/自由职业者，占比为22.4%；企业/公司的管理人员和一般人员占比共10.9%；无业/下岗/失业人员占比8.8%。[②] 从统计结果看，青年网民成为我国互联网事业发展的主力军，相较于比较成熟的网民来说，青年网民明辨是非真假的能力还比较弱，处于价值观的形塑阶段，在危机面前更容易被不法分子煽动

① 〔美〕凯斯·R.桑斯坦：《极端的人群：群体行为的心理学》，尹宏毅、郭彬彬译，新华出版社，2010，第2页。

② 《第45次〈中国互联网络发展状况统计报告〉》中国互联网络信息中心网站，2020年4月28日，http://www.cnnic.cn/hlwfzyj/hlwxzbg/hlwtjbg/202004/t20200428_70974.htm。

利用，甚至作出一些具有社会破坏力的行为。青年学生群体正处于价值观形成的关键阶段，是西方意识形态渗透的主要目标，同样也是我们着力开展思想政治教育的重点对象人群。

新技术的发展为青年学生学习马克思主义意识形态知识提供了机遇。新媒体为主流意识形态的传播提供了广阔的阵地，通过社交媒体平台，官方主流意识形态可以得到及时广泛的传播，极大地缩短了传统媒体时期官方信息层层下达所花费的时间。近年来，我国以打通党和人民群众信息沟通的“最后一公里”为建设目标，大力建设县级融媒体中心，这有利于在互联网上营造共同学习主流意识形态的氛围。同时，多媒体等技术的发展创新了主流意识形态的教育方式，红色电影、红色电视剧、红色动漫等主旋律文艺作品改变了以往“硬宣传”的方式，通过创新讲故事方式获得青年人的喜爱。其中，《战狼》《红海行动》《我和我的祖国》等主流意识形态电影获得了数十亿票房，《那年那兔那些事》以漫画的形式讲述了中国近代历史上的重要事件，仅第一季就在以青年为主要用户的哔哩哔哩网站上获得了8000多万的播放量，青年网民群体正在逐渐主动接受主流意识形态的教育，增强了对中国特色社会主义意识形态的认同感。

然而，青年学生意识形态教育也面临着一系列挑战。在实际的学校教育中，一个学生从小学至中学再至大学甚至在研究生阶段，思想政治课程从未缺席，但课堂教育效果却不尽如人意。高校的思想政治课程常常作为公共必修课出现，课堂人数包含数十人甚至上百人，这种“大班”的粗放式教学难以取得理想的传播效果，参与课堂的学生往往并不是出于兴趣，而是为了完成一定的学业任务。“如何创新思想政治课程的教育方式，吸引学生的听课兴趣”成为思想政治教师不得不深入思考的问题。青年学生群体是一个具有个性、热爱自由、喜欢多元化思想的群体，互联网强大的包容性蕴含着各种非主流的意识形态，它们以音乐、电影、动漫等各种形式存在，满足了青年学生的精神文化需求，强制性的思想政治教育如果不能“软化”，使青年学生积极主动地学习与实践，很难与非主流意识形态相竞争，取得理想中的效果。

近年来，华中科技大学开设的思政选修课“深度中国”深受大学生的喜爱。根据《人民日报》记者在采访时所看到的情况：“能容纳200多人的教室座无虚席，就连走道也挤满了人，甚至还有从其他高校慕名而来的听课者。”① 这种现象在多数高校中是罕见的，为思想政治课程的教授方式提供了范本。但是由于我国教育资源分布不均匀的现象依然存在，城乡之间的鸿沟难以填补，以及各个高校都有自己的特殊情况，创新思想政治教育课程的具体方法还需要每个院校自己花费时间去探索适合自身的传授方式。同时，由于新一代青年学生从小生活在西方发达国家推行“文化霸权”的大背景下，受享乐主义、拜金主义、精致的利己主义等错误思潮的影响，面对网络空间的意识形态斗争时往往难辨真假，而且，由于有些学校的思想政治教育课程严肃刻板，让学生产生了抵触情绪，基本上无法达到应有的教育效果。针对这种现象，学校需要引导学生主动地参与课堂学习，向主流意识形态靠拢。青年学生是国家与民族的希望，也是互联网空间的主要参与者，青年学生群体的意识形态越正确，互联网空间的意识形态安全系数也就越高。

值得强调的是针对留学生青年群体的爱国教育刻不容缓。近年来海外留学热催生了大量的海外留学生，他们长期生活在资本主义社会中，接受西方思想体系的教育，潜移默化中难免会受到影响。然而，西方思想体系对东方特别是对中国的意识形态存在一定的偏见与敌意，在这种环境中，我国某些留学生对社会主义意识形态的认同感难免会被削弱，并且沉溺于西方的享乐主义、拜金主义等资本主义意识形态之中。不仅如此，这些学生同时活跃在中西方国家的社交媒体平台上，一味地赞扬西方国家而贬低祖国的现象是存在的。2020 年 3 月，随着新冠肺炎疫情在全球范围传播，面对西方国家消极抗疫的做法，很多留学生选择回国，其中的个别人不仅在国内社交平台上恶意抹黑相关工作人员，而且将所拍摄的视频上传至外网，为反华势力提供造谣素材，特别是在全球疫情蔓延，中美双方正在进行激烈的舆论博弈期间，严重损害了我国在国际上的形象。在网络空间监督医护人员、公安民警等的工作，促进他们改进工作方法并无不可，但应该以事实为依据，一小撮海外留学生高喊“人权”“自由”“多种声音”，在网络上披露片面地信息，致力于谋求个人利益，一旦未达到自己的要求，便恶意抹黑中国体制，赞美西方体制，这不是我国发展所需要的“多

① 《高校思政课教学的守正与创新》，人民湖北百度百家号，2019 年 1 月 25 日，https://baijiahao.baidu.com/s?id=1623593938880873361&wfr=spider&for=pc。

种声音”，而是在西方资本主义意识形态的影响下产生的“精致的利己主义”的体现。青年留学生群体的扩大使得他们的意识形态问题日渐突出，海外留学生应坚定自己的爱国主义立场，增强明辨是非的能力，在社交媒体上严于律己，分清内部矛盾与外部矛盾、主要矛盾与次要矛盾，慎重发表言论。

三　意见领袖的社会责任感需要培养

拉扎斯菲尔德等在20世纪40年代的美国总统大选的调查研究中，发现大多数的选民在竞选宣传之前已经具有要将选票投给谁的倾向，而这种倾向在一定程度上受到其所在群体的意见领袖的影响，这些意见领袖在传播活动中异常活跃，为人们提供能够影响行为决策的信息。在网络时代，一部分网民通过微博、微信等社交媒体平台就其所擅长的领域问题发表看法，以独特的人格特点吸引了一批粉丝受众，逐渐成长为“大V”，即网络意见领袖。

网络意见领袖在网络舆论的形成过程中发挥着重要的作用，他们在虚拟网络中甚至可以达到一呼百应的效果。网络意见领袖在现实中分布于各个社会阶层，但都通过自己的言行设置公共议题影响着公共舆论的走向。在“李文亮医生去世”的事件中，各种微博“大V”为其发声，塑造了李文亮医生“疫情吹哨人”的议题框架，引导网络舆论问责武汉市相关部门，最终促使国家监察委员会派出调查组赴武汉市，就群众反映的涉及李文亮医生的有关问题进行全面调查。

网络意见领袖的社会责任感强弱影响着自身的行为，他们在舆情事件中即时发布信息、塑造与引导舆论，影响力不可小觑，一旦产生负面影响，也势必危害网络空间意识形态安全，对此我们应有清醒的认识。

第五章 CHAPTER 5

网络空间意识形态安全治理的机制路径

互联网技术极大地改变了人类的交流形式和传播样态，以此为基础构筑起来的网络空间也迅速发展为汇聚和传播信息的巨大平台，同时“亿万网民在上面获得信息、交流信息，这会对他们的求知途径、思维方式、价值观念产生重要影响，特别是会对他们对国家、对社会、对工作、对人生的看法产生重要影响”。[①] 应当认识到，在现有的技术条件和意识形态斗争背景下，我国的网络空间同样也是各种思想观念交流、交融、交锋的新兴场域和重要阵地。

习近平总书记强调，“在互联网这个战场上，我们能否顶得住、打得赢，直接关系我国意识形态安全和政权安全”。[②] 当前，历史虚无主义、新自由主义、“普世价值”论等非主流社会思潮沉渣泛起，在网络空间中渐成声势，挑战着以马克思主义为指导的主流意识形态的领导权和主导权，成为影响意识形态安全的潜在威胁。在此背景下，研究现有的网络空间意识形态治理机制，探索维护网络空间意识形态安全的治理路径，对维护国家与社会的意识形态安全、构筑更有力的国家安全体系具有重要的理论和现实意义。

网络空间不是现实社会在互联网上的机械再现，网络空间意识形态也并非社会意识形态的简单映射。受互联网虚拟性、开放性以及去中心化的特点影响，错误社会思潮的传播往往采取中性化、戏谑化、段子化、庸俗化的话语表达，以消遣娱乐、揶揄调侃、颠覆正统的形式消解人们对主流意识形态的认同。[③] 网络空间意识形态领导权和话语权也形成了不同于传统意识形态的特点，具体表现为意识形态环境由现实世界转向现实与虚拟世界的结合，建构主体由国家垄断信息转向网络信息多元，客体的认同方

---

① 《习近平谈治国理政》第2卷，外文出版社，2017，第335页。

② 《习近平关于社会主义文化建设论述摘编》，中央文献出版社，2017，第29页。

③ 季海君：《网络空间意识形态的治理策略》，《人民论坛》2019年第36期，第133页。

式由外界灌输为主转向自我选择为主，传播载体也转向多样性。[1]

现有的策略性研究基本可归纳为三方面：一是网络空间意识形态治理的目标、模式和原则；二是网络空间意识形态治理的体系建构；三是结合技术发展，研究大数据与网络空间意识形态治理。[2] 本章试图总结已有的网络空间意识形态治理经验，结合网络空间的特点和现实，以更具实践性的视角来探寻网络空间意识形态安全治理机制和治理路径。

① 曾长秋、曹挹芬：《网络环境下维护社会主义意识形态话语权的新特点》，《学习论坛》2015 年第 6 期，第 47 页。

② 刘建伟、李磊：《近年来网络意识形态研究：焦点与展望》，《电子科技大学学报》（社科版）2019 年第 5 期，第 56 ~ 57 页。

第一节　网络空间意识形态安全治理机制

通过对意识形态内容传播过程的考察和对现有政策规制和管控措施的综合分析，针对网络空间意识形态传播的源头和主体、过程和载体、引导和控制，本书试图归纳出三种网络空间意识形态安全治理机制：准入/退出机制、防范/追惩机制和扬正/控负机制。

一　准入/退出机制

准入制度是指国家机关根据自然人、法人或者其他经济组织的申请，经依法审查，决定是否准许其从事特定活动、确认其资格资质的政府行为。退出制度与准入制度相反，常见的退出制度是市场退出。市场退出是指市场主体自主或被强制终止经营活动，进而消灭其市场主体资格的行为。市场退出机制是国家制定的调整市场退出过程中发生的各种关系的一系列规则的总称。[①] 传媒业的市场准入和退出机制是我国调整传媒业的重要措施之一，也是区别其他国家传媒管理体制的重要标志。构建网络空间意识形态安全治理的准入/退出机制实际就是要结合互联网特点，为互联网服务提供者、运营平台以及用户个人的行为设置准入“门槛”和禁止触碰的“红线”，以规范互联网内容和使用行为。

（一）构建准入/退出机制的必要性

1. 适应网络空间发展的必然要求

在国有公办的媒介所有制和经营体制下，以往以报刊准入/退出机制

---

① 孟凡波：《现阶段我国报刊市场准入和退出机制研究》，硕士学位论文，河北大学，2006，第3页。

为代表的治理手段能够对媒介进行有效干预和直接调控，基本掌握住传统媒体渠道的传播内容，进而掌握舆论的主导权和领导权，保证主流意识形态的总体安全和领导地位。自1994年接入互联网后，我国对国内互联网行业的发展基本采取了“先发展、后治理”的鼓励态度，以极低的门槛引入了一批商业资本，造就了一批商业资本控制的新型互联网巨头。资本与技术交织，使这批互联网巨头成为参与网络空间博弈的重要力量，不断从社会舆论场域中撬开空间，对主流意识形态进行边缘突破[1]，这样的尝试几乎出现在每一种新兴的媒介产品中。无论是早年间的网络论坛、博客，还是近些年的微博、微信、新闻App客户端，以及时下最流行的短视频，都重演着这样的尝试和突破。而面对由技术驱动的媒介产品更迭所带来的层出不穷的网络空间意识形态风险，早期的应对策略显得较为单一。

从改革开放的形式来看，“中国开放的大门不能关上，也不会关上”。[2]这就意味着还会有越来越多的外国互联网企业接入中国市场，既为中国经济带来了新的发展活力，但也容易造成管理上的新难题。

从现实的网络空间意识形态治理情况来看，对传统媒体准入/退出机制的复制和移植无法应对复杂的网络环境，也难以达到正本清源的治理目标。建立一个完善健全的互联网新闻信息和内容生产的准入/退出机制，已成为构建网络空间意识形态治理体系的重要任务。

2. 保障公民自由的必然要求

构建完善有效的准入/退出机制，清晰地划定“准入门槛”和“红线”，既是营造风清气正网络空间的迫切需要，也是合理规制互联网内容、保障公民自由的必然要求。2014年8月7日，国家互联网信息办公室正式发布了《即时通信工具公众信息服务发展管理暂行规定》，旨在对以微信为代表的一类即时通信工具中存在的谣言、诈骗等现象进行治理，被网民称为“微信十条”。该规定明确提出了“后台实名、前台自愿”的实名制认证原则，并对即时通信工具服务使用者提出了遵守法律法规、社会主义制度、国家利益、公民合法权益、公共秩序、社会道德风尚和信息真实性

① 李彪：《微调与强化：社交网络时代媒体监管政策及其走势》，《新闻记者》2015年第4期，第63页。

② 《习近平总书记在网络安全和信息化工作座谈会上的讲话》，中国网信网，2016年4月25日，http：//www.cac.gov.cn/2016－04/25/c_1118731366.htm。

等“七条底线”，一度引发舆论热议，激起人们关于个人在网络空间中表达自由和信息自由的担忧。

言论自由与社会秩序是有机的对立统一体，社会秩序“作为为其他一切权利提供了基础的一项神圣权利”，与自由同样具有最高的价值。自由与秩序两者之间既有张力，又相辅相成，在法治下“开放且抽象的社会”趋于适当平衡。[①] 如“微信十条”以及2018年2月2日发布的《微博客信息服务管理规定》等规范性文件，特别为使用者划出“红线”，给出了行使自由的“边界”，也为保障公民自由筑起了“篱笆”。政府在互联网规制的过程中发挥着越来越关键的作用，在通过确定自由的边界来保障用户通信和表达自由的同时，规定公民行使自由和权利不得损害国家、社会和公众利益，这也是世界多数国家的共同选择。

（二）准入/退出机制的具体内容

中国对于网络空间治理的行政法规的研究和制定始于1995年由中共中央办公厅、国务院办公厅就“加强电脑资讯网络国际联网管理”印发的一则通知，通知首次就互联网信息带来的便利和害处作出评估，为随后各类互联网管理措施的相继出台“定了调”。之后的几年间，公安部、国务院新闻办公室、国家新闻出版总署、国家保密局、信息产业部、文化部、邮电部等部委先后出台政策，在以“计算机信息系统安全”和“维护公共秩序和社会稳定”为主要目标的同时，逐渐开始将网络信息内容纳入治理范围。[②] 2011年5月，国家互联网信息办公室成立，开始整合我国互联网“政出多门”的多头管理体制，集中统一“负责网络新闻业务及其他相关业务的审批和日常监管”。随着行政许可法、国家安全法、网络安全法等法律的通过和实施，网络管理部门开始以事前的行政审批、实名制和约谈整改、依法关停等手段来进行网络空间治理。通过对现行行政法规、部门规章等规范性文件的研究发现，现阶段网络空间治理的准入/退出机制分别是以组织和个人为对象制定的。

---

① 石长顺、曹霞：《即时通信时代的网络规制变革——从“微信十条”谈起》，《编辑之友》2014年第10期，第45页。

② 张文祥、周妍：《对20年来我国互联网新闻信息管理制度的考察》，《新闻记者》2014年第4期，第37页。

1. 调整组织行为的准入/退出机制

互联网新闻信息和互联网文化产品是网络空间意识形态附着的主要载体，微博客、即时通信工具等平台是意识形态传播的主要空间。而现有技术难以对网络空间全平台内容进行实时监测，加强对信息生产和发布组织与平台的资质管理，实现关口前移成为必然选择。

2017 年新修订并施行的《互联网新闻信息服务管理规定》第六条要求，对于申请开展互联网新闻信息服务者，除了应当具备与服务相适应的专职新闻编辑人员、内容审核人员、技术保障人员以及健全的管理制度之外，还必须是在中国境内依法设立的法人，“主要负责人、总编辑是中国公民”，其中“申请互联网新闻信息采编发布服务许可的，应当是新闻单位（含其控股的单位）或新闻宣传部门主管的单位”。第七条、第八条规定，“任何组织不得设立中外合资经营、中外合作经营和外资经营的互联网新闻信息服务单位”，“非公有资本不得介入互联网新闻信息采编业务”。[1]

《微博客信息服务管理规定》同样设置了准入制度，该规定第四条明确了组织准入要求，“微博客服务提供者应当依法取得法律法规规定的相关资质……禁止未经许可或超越许可范围开展互联网新闻信息服务活动”。第六条则规定了组织对于个人准入的管理责任，“微博客服务提供者应当落实信息内容安全管理主体责任，建立健全用户注册、信息发布审核、跟帖评论管理、应急处置、从业人员教育培训等制度及总编辑制度，具有安全可控的技术保障和防范措施，配备与服务规模相适应的管理人员”。[2]

《即时通信工具公众信息服务发展管理暂行规定》同样有相关的要求，第四条规定了组织的准入要求，“即时通信工具服务提供者应当取得法律法规规定的相关资质。即时通信工具服务提供者从事公众信息服务活动，应当取得互联网新闻信息服务资质”。[3]

综合来看，现阶段对信息生产和发布组织与平台的资质管理以准入机

① 《互联网新闻信息服务管理规定》，中国网信网，2017 年 5 月 2 日，http://www.cac.gov.cn/2017-05/02/c_1120902760.htm。

② 《微博客信息服务管理规定》，中国网信网，2018 年 2 月 2 日，http://www.cac.gov.cn/2018-02/02/c_1122358726.htm。

③ 《即时通信工具公众信息服务发展管理暂行规定》，中国网信网，2014 年 8 月 7 日，http://www.cac.gov.cn/2014-08/07/c_1111983456.htm。

制为主，重点要求服务提供者具有合法资质和相应的管理应急水平与技术水平，对新闻信息内容尤其是采编内容准入管理尤为严格，从资本属性、负责人国籍和主管单位等多方面进行限制。但相应的退出机制比较模糊，缺乏清晰的责任条款。

2. 调整个人行为的准入/退出机制

个人是网络空间意识形态产生影响的节点和终端，对个人网络使用行为进行规范是网络空间意识形态治理的重要部分。对个人用户的准入和退出机制是通过规范平台主体责任来建立的，通常要求服务提供者制定平台服务规则，与服务使用者签订服务协议，实名制是用户使用互联网媒介产品，接受、传播互联网信息内容，参与网络社区互动的准入条件。

在法律层面上，网络安全法第二十四条规定，“网络运营者为用户办理网络接入、域名注册服务，办理固定电话、移动电话等入网手续，或者为用户提供信息发布、即时通讯等服务，在与用户签订协议或者确认提供服务时，应当要求用户提供真实身份信息。用户不提供真实身份信息的，网络运营者不得为其提供相关服务”。在部门规章层面上，《互联网新闻信息服务管理规定》第十三条规定，“互联网新闻信息服务提供者为用户提供互联网新闻信息传播平台服务，应当按照《中华人民共和国网络安全法》的规定，要求用户提供真实身份信息。用户不提供真实身份信息的，互联网新闻信息服务提供者不得为其提供相关服务”。在规范性文件层面，《即时通信工具公众信息服务发展管理暂行规定》第六条规定，“即时通信工具服务提供者应当按照‘后台实名、前台自愿’的原则，要求即时通信工具服务使用者通过真实身份信息认证后注册账号”。《微博客信息服务管理规定》第七条也规定，“微博客服务提供者应当按照‘后台实名、前台自愿’的原则，对微博客服务使用者进行基于组织机构代码、身份证件号码、移动电话号码等方式的真实身份信息认证、定期核验。微博客服务使用者不提供真实身份信息的，微博客服务提供者不得为其提供信息发布服务”。《互联网用户公众账号信息服务管理规定》第八条规定，“公众账号信息服务平台应当采取复合验证等措施，对申请注册公众账号的互联网用户进行基于移动电话号码、居民身份证号码或者统一社会信用代码等方式的真实身份信息认证，提高认证准确率。用户不提供真实身份信息的，或者冒用组织机构、他人真实身份信息进行虚假注册的，不得为其提供相关服务”。

在个人行为的退出机制方面，国家互联网信息办公室出台的多项规定作出了明确的要求。在规范性文件层面，2014 年发布的《即时通信工具公众信息服务发展管理暂行规定》第八条规定，“对违反协议约定的即时通信工具服务使用者，即时通信工具服务提供者应当视情节采取警示、限制发布、暂停更新直至关闭账号等措施”。2015 年发布的《互联网用户账号名称管理规定》第五条提出“遵守法律法规、社会主义制度、国家利益、公民合法权益、公共秩序、社会道德风尚和信息真实性等七条底线”。第六条提出了不得“违反宪法或法律法规规定”等九项禁止性规定。第七条、第八条规定对“以虚假信息骗取账号名称注册，或其账号头像、简介等注册信息存在违法和不良信息的”，“冒用、关联机构或社会名人注册账号名称”两类情形可以采取“注销登记”“注销账号”等措施。2021 年修订的《互联网用户公众账号信息服务管理规定》的退出机制更为完善，该规定第十九条赋予公众账号信息服务平台关闭账号的权力，“对违反本规定及相关法律法规的公众账号”，平台可以“依法依约采取警示提醒、限制账号功能、暂停信息更新、停止广告发布、关闭注销账号、列入黑名单、禁止重新注册等处置措施”。在部门规章层面，2017 年出台的《网络信息内容生态治理规定》第三十四条规定，“网络信息内容生产者违反本规定第六条规定的，网络信息内容服务平台应当依法依约采取警示整改、限制功能、暂停更新、关闭账号等处置措施”。

对于上述规章与文件赋予的惩戒权力，信息服务提供者一般会基于政策规定继续细化。如新浪微博就将“时政类有害信息”细化为“反对宪法确定的基本原则；散布谣言，扰乱社会秩序，破坏社会稳定；突破社会道德底线、制度底线的负面信息”等十一条[①]，对于发布、转发时政有害信息和社会类有害信息的用户，“站方将视情况决定采取限制展示、仅好友可见、屏蔽、删除内容、禁言，直至关闭账号的处置”。[②] 与之相类似，微

① 《微博社区公约》，新浪微博，2017 年 1 月 25 日，https：//service. account. weibo. com/roles/gongyue。

② 《微博举报投诉操作细则》，新浪微博，2017 年 1 月 24 日，https：//service. account. weibo. com/roles/guiding。

信软件许可及服务协议中要求，“用户不得发布、传送、储存违反国家法律法规的内容”[1]，对于违反服务协议的个人使用者，腾讯将根据微信个人账号使用规范，视情节进行“屏蔽违规信息、警告、限制或禁止使用或全部功能直至永久封号的处理”。[2]

综合来看，对个人用户的准入/退出机制包括两个层面，一是管理部门出台的相关法律、规章，二是各个服务提供者与用户缔结的使用协议、社区公约等形式。这些法律、规章、规范性文件、协议、公约基本都基于“实名制”来实施。

（三）准入/退出机制的效能及局限

网络空间信息内容的准入和退出机制是治理网络空间意识形态的源头环节。从现有的机制来看，媒介产品和平台的提供者是政策治理的直接对象，通过直接的政策法规来进行规范，从所有制、资本构成和负责人来设置准入门槛，对服务提供者的技术水平、管理机制都有资质要求。这种机制能够比较好地对进入网络空间的组织主体进行限制，至少从所有制上保证我国网络空间意识形态的总体安全。个人用户是构成网络空间最小也最活跃的节点，是网络空间意识形态治理的基本面。现阶段对于用户个人的准入/退出机制主要是通过两个层面来实现，一是政府主管机构赋予信息服务提供者关闭账号等各项权力，二是各个信息服务提供者与用户达成服务协议或社区公约，其实质是通过实名制对发布违法违规信息的账号进行屏蔽、限制和封禁。这种措施将管理用户个人行为的责任下沉至各平台，能够比较有效地完成监管目标。

现有的准入和退出机制也存在着不完善、不合理的地方。首先，构成准入/退出机制的规定多为网信部门出台的“规范性文件”，层级较低。其次，对信息服务提供者即平台的退出机制比较模糊，对于违反管理规定的行为，“由有关部门依照相关法规处理”。从现实表现来看，处

① 《腾讯微信软件许可及服务协议》，微信平台，http：//weixin. qq. com/cgi - bin/readtemplate? uin = &stype = &promote = &fr = &lang = zh_CN&ADTAC = &check = false&nav = faq&t = weixin_agreement&s = default。

② 《微信个人帐号使用规范》，微信平台，http：//weixin. qq. com/cgi - bin/readtemplate? t = page/agreement/personal_account。

理结果包括约谈、暂时下架、封停整改等，缺乏一个固定的处理程序和比较稳定的处罚标准。完善准入和退出机制，需要加快立法进程，科学及时制定高位阶的法律法规，为引导各平台准确执行退出措施，提供标准和依据。

二　防范/追惩机制

网络空间意识形态治理的防范机制是指防止不良有害的信息内容发布并进入网络空间造成恶劣影响的措施和方法，追惩机制是指对散布不良有害信息的组织和个人依法进行处理追究责任的制度与措施。防范和追惩机制，是构建网络空间意识形态治理体系的中心环节。建立有效规范的防范和追惩机制，将在互联网意识形态治理工作中起到防患于未然的关口作用和惩前毖后的警示作用。但是也应该认识到，缺乏科学的理论指导、面对舆情缺少正确认识和担当意识，容易使得防范与追惩机制在具体运行的过程中出现问题，引起群众不满甚至引发网络群体性事件，在意识形态斗争中授人以柄。

（一）防范机制

1. 实名制

网络实名制既是网络空间准入机制的重要组成部分，也是防范和追惩机制得以生效的前提条件。互联网发展进入“下半场”，互联网社会更加深刻地影响到现实社会，网络表达日益依赖于表达主体的真实身份。[①] 已有研究发现，推行符合互联网发展态势的实名制似乎成为各种策略性研究为我国治理网络空间各种乱象开出的“万灵药”。

从必要性看，网络空间的匿名性特点容易成为滋生谣言、网络暴力等负面信息内容的条件，更容易在网络空间意识形态斗争中为敌对势力提供“掩体”。推行网络实名制既是国家信息安全的需要，也是保障意识形态领域安全的抓手。实行有限度的网络实名制，一方面能够部分消解个体用户

① 陈曦：《互联网匿名空间：涌现秩序与治理逻辑》，《重庆社会科学》2018 年第 8 期，第 26 页。

在使用各种社交软件时心理上的无限安全感，使法律的威慑和道德的约束重新在自律环节发挥作用，另一方面也能够为平台、网信和公安等监管者的事后追责提供条件。

网络实名制是一个宽泛概念，进一步细化还可以分为网吧实名制、电子邮件实名制、论坛实名制、游戏实名制、博客实名制、网店实名制、婚恋网站实名制、微博实名制等。不同类型的实名制在实施过程中所遭受到的阻力不同，如网友对论坛实名制颇有抵触，但对网店实名制却比较宽容。原因就在于二者属于不同类型的“市场”，前者属于“思想市场”，对表达自由的要求更高，后者属于“商品市场”，对信用的要求更高。

从网络实名制的制度推进过程来看，1997 年开始要求网络接入单位和个人进行实名制备案，2004 年 5 月，中国互联网协会发布《互联网电子邮件服务标准》，首次明确提出“实名制”概念。2006 年前后，实名制开始进入更大范围的公共言论和电子商务领域，先后在网络游戏和微博推行实名制。2008 年 1 月，价值中国网 CEO 林永青和北京仲裁委顾问高宏道律师一起起草了“网络实名制立法建议”，并向全国人民代表大会相关立法部门提交了建议书。3 月，全国人民代表大会代表王晶正式向大会递交了网络实名制立法议案。7 月，工业和信息化部在对王晶议案的回复中表示，网络实名制是未来互联网健康发展的方向，我国目前已经开展了部分相关的网络实名制立法和管理工作。2011 年 12 月 16 日，北京市人民政府新闻办公室、北京市公安局等出台《北京市微博客发展管理若干规定》，第九条规定，“任何组织或者个人注册微博客账号，制作、复制、发布、传播信息内容的，应当使用真实身份信息，不得以虚假、冒用的居民身份信息、企业注册信息、组织机构代码信息进行注册”。2012 年 12 月，十一届全国人民代表大会常务委员会审议通过《关于加强网络信息保护的决定》，其中第六条规定，网络服务提供者“为用户提供信息发布服务”应当“要求用户提供真实身份信息”，这表明网络实名制推进的“主战场”由地方层面转到国家层面，层级大为提高。2013 年 3 月，国务院办公厅发布《关于实施〈国务院机构改革和职能转变方案〉任务分工的通知》，该通知要求，2014 年完成包括出台并实施信息网络实名登记制度在内的 28 项任务，网络实名制推进的步伐大为加快。2015 年 2 月，国家互联网信息办公室发布《互联网用户账号名称管理规定》，提出“互联网信息服务提供者应当按照‘后台实名、前台自愿’的原则，要求互联网信息服务使用者通过真实身份信息认证后注册账号”，这一专门针对网络用户账号名称管理的规范性文件标志着网络实名制的尘埃落定。其间虽然有过波折和争议，但网络实名制的逐渐确立已经成为伴随中国互联网发展的必然趋势，并呈现出由物理层面向内容层面逐步延伸的特点。[①] 与此同时，推动网络实名制的单位从最初的中国互联网协会，到工信部等政府部门，再到全国人大常委会，凸显出实名制在我国网络治理中越来越重要的地位。从现实效果看，实名制也的确在网络空间治理中发挥了重要作用。

但学界关于网络实名制的争论和忧虑从未停息：一方面，由网络实名制衍生出的用户信息被盗等问题随着社会信息化程度的提升日益凸显出来，引发了社会对于信息安全问题的普遍担忧；另一方面，网络实名制与匿名言论自由之间存在着价值冲突，过于严苛的实名制如同双刃剑，可能伤害公民参与社会治理的热情[②]，使互联网环境滑向泛娱乐化。更好地推进网络实名制，还需要信息安全、法学等诸多学科的进一步合作与思考，稳步推动科学立法，以追求在众多矛盾中达成善治的平衡。

2. 审核机制

网络的一些传播特性使新媒体成为网民表达意见和不同利益群体集中进行争论的窗口与平台。在过去，传统媒体通过对信息和观点进行组织与筛选，发挥意见市场的“把关人”作用，而新媒体在为个体用户和网络“大V”赋权时，几乎取消了把关人的角色。这一方面为公共讨论和社会监督开辟了新渠道；但另一方面，智媒时代视听传播速度快、范围广、互动能力强、影响深远，视听传播诱发网络舆情的案例较多，其对思想观念的传播和意识形态的引导作用应引起足够的重视。[③] 如果对舆情引导不当、

① 陈曦、贺景：《网络实名制的演进轨迹与走向》，《重庆社会科学》2015年第7期，第83页。

② 单民、陈磊：《博弈与选择：以实名制遏制网络言论犯罪的可行性分析》，《河北法学》2015年第9期，第33～34页。

③ 唐宁：《融合视听传播的创新逻辑与价值再造》，《中国新闻传播研究》2019年第4期，第176～177页。

失去对网络群体动员的组织权和领导权，甚至还会被国内外反华、反政府者用来进行以政治颠覆为目标的破坏性动员行为，形成威胁国家政治稳定的对抗性因素。① 在这样背景下，国家对建立一个合理有效的审核机制，形成保障网络空间意识形态安全的关口和屏障，有着迫切的现实需求。

建立合理有效的审核机制，首先需要树立正确的指导思想。仅仅依靠网信部门的行政管理难以有效应对海量网络内容。现实的治理思路是，通过行政立法和资质审批，将内容审核和管理的责任下沉至互联网信息提供者，通过加大处罚的办法，将网络商的责任与用户责任捆绑在一起，用户“违法”而不及时采取措施，将追究服务提供商的责任，迫使网络服务提供者加强内容审查，网络商由服务者变成管理者，从而对互联网达到有效管理。② 这种管理责任的下沉客观上加强了各主要互联网信息平台运营者的自律意识，甚至构成了互联网审核机制的主体。

但同时应该注意到，网络空间中的意识形态更具隐蔽性，如何识别其中具有危害性的内容，如何把握内容审核的尺度，是互联网信息平台运营者在自我审核中遇到的现实难题，也是以平台为主体的审核机制在运行过程中产生的新矛盾。平台往往从自身的利益和安全出发，选择性地执行审核标准、从严把握审核尺度，使很多正常范围内的公共讨论难以进行，也不利于网络舆情的及时传导。

同时，这一矛盾不可避免地损害了用户正常享有的言论自由，也容易成为敌对势力攻击我国言论氛围、社会制度和党的领导的舆论武器。要解决这一矛盾，既需要各互联网信息服务提供者建立一支高素质审核队伍，更需要“各级党政机关和领导干部要学会通过网络走群众路线，经常上网看看，善于运用网络了解民意、开展工作”。③ 只有坚持以坚定的政治意识和先进的理论水平为指导，才能动态合理地把握网络内容审核的尺度，积极有效地开展网络审核工作。

建立合理有效的审核机制，还需要对应的技术支持。从数据看，2019

① 杨洋、周泽红：《新媒体环境下网络动员双重机制探究》，《出版科学》2018 年第 4 期，第 13 页。

② 李彪：《微调与强化：社交网络时代媒体监管政策及其走势》，《新闻记者》2015 年第 4 期，第 68 页。

③ 《习近平总书记在网络安全和信息化工作座谈会上的讲话》，中国网信网，2016 年 4 月 25 日，http://www.cac.gov.cn/2016-04/25/c_1118731366.htm。

年第四季度微博月活跃用户数达到5.16亿，日活跃用户达到2.22亿。[①]而短视频平台抖音的年报显示，截至2019年，抖音日活跃用户数已突破4亿，仅“万粉以上知识创作者”就在2019年发布了超过1489万个视频。[②]内容生产数量的急速增长和媒介形式的日趋丰富使单纯的人工审核已难以满足现实需求，要求在内容审核机制方面创造性地运用更多技术手段。深度学习、人工智能、大数据、区块链等新技术的发展或将为解决这一现实困境提供出路。

（二）追惩机制

言论自由应以法律为边界。2016年4月19日，习近平总书记在网络安全和信息化工作座谈会上的讲话中指出，“互联网不是法外之地。利用网络鼓吹推翻国家政权，煽动宗教极端主义，宣扬民族分裂思想，教唆暴力恐怖活动，等等，这样的行为要坚决制止和打击，决不能任其大行其道”。[③]

一段时期以来，西方敌对势力从未放弃对我国意识形态领域的渗透与攻击，互联网使得以美国为首的西方国家的政治制度和意识形态输出更为隐蔽，影响更广、传播更快[④]，各种错误思潮一时沉渣泛起，在网络空间获得不少关注和拥趸。在这样严峻形势下，对网络空间意识形态安全造成恶劣影响的账号主体和平台运营者予以事后追惩，是消除影响的必要过程，是有效打击网络空间中敌对势力的必要手段，也是与事前审核机制相互补充，共同发挥惩前毖后的警示作用的必然要求。

建立追惩机制首先需要相应的法律作为依据。党的十八届四中全通过的《中共中央关于全面推进依法治国若干重大问题的决定》指出，“加强互联网领域立法，完善网络信息服务、网络安全保护、网络社会管理等方

① 《微博发布2019年第四季度及全年财报》，新浪网，2020年2月26日，https://tech.sina.com.cn/i/2020-02-26/doc-iimxyqvz6003265.shtml。

② 《2019年抖音数据报告》，腾讯云，2020年2月12日，https://cloud.tencent.com/developer/article/1582037。

③ 《习近平总书记在网络安全和信息化工作座谈会上的讲话》，中国网信网，2016年4月25日，http://www.cac.gov.cn/2016-04/25/c_1118731366.htm。

④ 高志华：《总体国家安全观视域下网络意识形态安全建设》，《学理论》2019年第10期，第46页。

面的法律法规，依法规范网络行为”。现阶段，在网络非法有害信息规制领域，已经形成了以网络安全法及全国人民代表大会常务委员会两个决定（《全国人民代表大会常务委员会关于维护互联网安全的决定》《全国人民代表大会常务委员会关于加强网络信息保护的决定》）为顶点，以《互联网信息服务管理办法》等行政法规、规章为主体，以侵权责任法为补充，以刑法（尤其是修正案七和修正案九）为托底的法律体系。[①] 尤其是网络安全法中的第四十七条、第六十八条，强调了网络运营者对非法信息的处置义务以及主管部门对违规网络运营者的处罚措施。其中，第四十七条规定，“网络运营者应当加强对其用户发布的信息的管理，发现法律、行政法规禁止发布或者传输的信息的，应当立即停止传输该信息，采取消除等处置措施，防止信息扩散，保存有关记录，并向有关主管部门报告”。第六十八条规定，“网络运营者违反本法第四十七条规定，对法律、行政法规禁止发布或者传输的信息未停止传输、采取消除等处置措施、保存有关记录的，由有关主管部门责令改正，给予警告，没收违法所得；拒不改正或者情节严重的，处十万元以上五十万元以下罚款，并可以责令暂停相关业务、停业整顿、关闭网站、吊销相关业务许可证或者吊销营业执照，对直接负责的主管人员和其他直接责任人员处一万元以上十万元以下罚款”。

建立追惩机制还要求明确实施追惩行为的主体。2014 年国务院发布通知，“授权重新组建的国家互联网信息办公室负责全国互联网信息内容管理工作，并负责监督管理执法”[②]，网络安全法第五十条正式以法律形式再次确认“国家网信部门和有关部门依法履行网络信息安全监督管理职责”。通过对政策文献的量化考察也发现，2013 年以后网络信息安全治理逐渐摆脱了“分散—耦合型”的治理结构，形成了以国家互联网信息办公室、工信部、公安部三大机构为主的核心治理体系。[③] 相比以往，这种集中归口的治理体系有效提升了追惩机制的运行效率和力度。据统计，2019 年“全国网信系统依法约谈网站 2767 家，警告网站 2174 家，暂停更

① 陈道英：《我国互联网非法有害信息的法律治理体系及其完善》，《东南学术》2020 年第 1 期，第 223 页。

② 《国务院关于授权国家互联网信息办公室负责互联网信息内容管理工作的通知》，中国政府网，2014 年 8 月 26 日，http：//www.gov.cn/zhengce/content/2014－08/28/content_9056.htm。

③ 魏娜等：《中国互联网信息服务治理机构网络关系演化与变迁——基于政策文献的量化考察》，《公共管理学报》2019 年第 2 期，第 102 页。

新网站 384 家，会同电信主管部门取消违法网站许可或备案、关闭违法网站 11767 家，移送司法机关相关案件线索 1572 件。有关网站平台依据用户服务协议关闭各类违法违规账号群组 73.7 万个”。①

截至目前，通过明确网络运营者的监管和处置义务，我国已基本建立起了一个全面立体的追惩机制，对有害内容发布账号和传播平台进行管理。网信部门的主要监管对象是网络服务运营者和提供商，其中包括网站、微博客、App 等多种形态的媒介，通常采取的处理手段既包括约谈、警告、暂停更新等“黄牌警告”的措施，也包括与电信主管部门联合取消违法网站许可备案、关闭网站等“红牌下场”的封禁措施。其中触碰法律底线、涉嫌违法犯罪的言论将会被移送司法机关，根据行为性质和影响，由治安管理处罚法、侵权责任法、刑法进行调整。对于发布有害内容的账号则由有关网站平台依据用户服务协议进行处理。

但有研究在对现阶段法律法规的梳理后认为，目前的追惩机制仍需改进，要明确治理规则，划清法律和道德的界限，以更精确的立法表述和规则来保障个人的言论自由②，这将成为下一阶段在国家总体安全观框架中的网络安全立法工作的重要推进方向。

三 扬正/控负机制

习近平总书记在党的新闻舆论工作座谈会上强调，“宣传思想阵地，我们不去占领，人家就会去占领”。③ 在网络空间意识形态治理过程中建立扬正、控负的机制，就是要守护好主流媒体这个主阵地，发挥好主流媒体引导舆论、组织舆论的重要作用，就是要把握好“团结稳定鼓劲、正面宣传为主”这一党的新闻舆论工作的基本方针。同时还要勇于同“黑色地带”的负面言论包括敌对势力制造的舆论作斗争，并通过多种手段积极促进“灰色地带”向“红色地带”转化。

---

① 《2019 年全国网信行政执法成效显著》，中国网信网，2020 年 2 月 18 日，http://www.cac.gov.cn/2020-02/18/c_1583568767032468.htm。

② 陈道英：《我国互联网非法有害信息的法律治理体系及其完善》，《东南学术》2020 年第 1 期，第 226 页。

③ 《习近平关于社会主义文化建设论述摘编》，中央文献出版社，2017，第 30 页。

扬正机制要求党的新闻宣传战线主动作为，高举旗帜、引领导向，在网络空间信息内容的“供给侧”下力气，推动话语创新，提升主流意识形态的生命力、吸引力、影响力；控负机制要求党的新闻宣传战线勇于斗争，澄清谬误、明辨是非，提高对舆情热点下隐藏着的意识形态风险的鉴别处置和判断决策能力。扬正/控负机制，是抢占意识形态工作阵地的关键举措，是构建完整、立体的网络空间意识形态治理体系的重要部分。

（一）坚持正面宣传为主

“团结稳定鼓劲、正面宣传为主”这一党的新闻舆论工作基本方针来自于我们党新闻宣传工作长期的具体实践，有着稳定的思想内核，笔者详述如下。

1. 正面宣传为主的理论逻辑

1983 年“正面宣传为主”的提法正式出现在新闻传播学科的研究视野。那时，“正面宣传为主”的表述，有的是在推进相关工作过程中的零散表达，有的是教学工作中的问题解答，不深入、不系统，更未上升到党和国家新闻宣传工作重要方针、基本方针的高度。

1989 年 11 月 25 日，全国省市自治区党报总编辑新闻工作研讨班在京召开，李瑞环发表讲话——《坚持正面宣传为主的方针》。他指出，新闻工作的改进虽然有很多亟待解决的问题，但“新闻报道必须坚持以正面宣传为主的方针”无疑是最为关键的。此后，江泽民同志和胡锦涛同志在不同场合对“正面宣传为主”方针作过强调，“正面宣传为主”已成为中央层面指导新闻工作的重要方针。党的十八大以来，习近平总书记多次强调“团结稳定鼓劲、正面宣传为主，是党的新闻舆论工作必须遵循的基本方针”。[①] 2016 年 4 月 19 日，网络安全和信息化工作座谈会召开，习近平总书记在讲话中要求“做强网上正面宣传，培育积极健康、向上向善的网络文化”，将“正面宣传”方针推及网络空间。

习近平总书记正面回应了为什么要坚持“正面宣传为主”的问题：一方面，他提出新闻报道要同我国改革发展的整体态势相协调，就应当“客观展示发展进步的全貌”，既然在改革发展过程中，正面、蓬勃向上的事物是主流，新闻报道也应该分清“主流和支流、成绩和问题、全局和局

① 《十八大以来重要文献选编》（下），中央文献出版社，2018，第 216 页。

部”，而不应颠倒主次；另一方面，他要求新闻报道“激发全党全社会团结奋进、攻坚克难的强大力量”，通过发挥新闻媒体的倡导性功能，动员广大人民群众积极、主动、创造性地参与社会主义现代化建设。[①]

坚持“正面宣传为主”的基本方针有着独特的理论逻辑，又符合基本的传播规律。从新民主主义阶段，到探索建设社会主义道路时期，再到建设有中国特色的社会主义时期，人民群众永远都是变革社会的决定性力量，也应该是社会主义媒体首要的报道对象。坚持以“正面宣传为主”的基本方针，凸显出人民群众在现代化建设中的主体性、能动性，彰显广大人民群众的主人翁精神[②]，也是我们党一以贯之的人民史观的集中体现。

作为马克思主义新闻观结合中国当代实践和国情形成的新成果，“正面宣传为主”思想从不讳言中国新闻宣传观念与西方新闻专业主义的显著区别，但它又与传播学中的“涵化理论”“控制论”“议程设置理论”“框架理论”有诸多契合之处[③]，显示出独特的理论逻辑支撑，符合人类社会信息传播的基本性规律。

2. 追求正面宣传效果

对于如何做好“正面宣传为主”，习近平总书记从方法论层面进行了论述。要求新闻记者要“用心用情”，记者们要在路上、在基层、在现场，才能紧扣时代、贴近群众、心存感动，切忌“悬在半空、浮于表面”，还从报道形式上划出红线：一是宣传不能假大空；二是不能套话连篇、空喊政治口号；三是面对不同的受众，不能套用一个宣传模式。这些要求本质都是强调“以人民为中心”，是“群众办报”在新时代的具体要求。

“正面宣传为主”应该理解为以取得正面宣传效果为主[④]，最根本的就是要有吸引力和感染力。媒体要坚决反对形式主义、针对受众调整宣传报道模式，尤其是在网络空间中、在使用新媒体进行宣传报道活动时，要充

---

① 张治中：《习近平“正面宣传为主”思想的源流与传播学解读》，《出版发行研究》2018年第7期，第20页。

② 朱清河、赵彩雯：《“正面宣传为主”的历史演进、理论逻辑与价值意蕴》，《新闻与传播评论》2019年第4期，第11页。

③ 张治中：《习近平“正面宣传为主”思想的源流与传播学解读》，《出版发行研究》2018年第7期，第22页。

④ 陈力丹：《“舆论监督和正面宣传是统一的”——学习习近平同志“2·19”讲话》，《新闻与写作》2017年第1期，第63页。

分考虑媒介的新特性，坚持以鲜活、动人的事实，以多元、生动的形式弘扬主旋律、传播正能量。

坚持正面报道为主的新闻宣传方针，还要掌握好宣传的形式和尺度。有一些报道在关键事实上含糊不清，措辞上不注意，使“聋哑人”开口“说话”，使人怀疑整篇报道的真实性；还有一些媒体在报道典型时过度渲染极端情况，以至于树立的典型人物“缺失人性”，反而会招致受众的反感；还有一些宣传报道尽是官话、套话，也容易引起群众的厌恶。诸如此类的正面宣传非但不能取得正面的宣传效果，反倒会带来负面影响，威胁过去取得的成绩。互联网环境中有着很强的娱乐性和情绪化特征，有些内容可能会引发网民非理性的大规模的传播和戏仿，这对于整个主流媒体阵营乃至党和政府的形象与公信力有可能造成巨大伤害。

（二）坚持舆论监督的建设性

长期以来，相关报道实践活动中普遍存在着对“正面宣传为主”这一方针的误解，认为“正面宣传为主”就是“只能报道正面的事实”，报道负面事实则会被认为违背了这个方针。实际上，贯彻“正面宣传为主”的基本方针与发挥新闻媒体的舆论监督功能从来都不是非此即彼的对立关系，而是统一关系。在网络空间中守好意识形态阵地，需要主流媒体发挥作用，既要贯彻好“正面宣传为主”的基本方针，又要有效履行舆论监督的媒介功能。但舆论监督必须以建设性为前提，“它要求媒体不仅曝光问题，还要能指出正确的方向，帮助解决问题，促进发展，取得良好的社会效果”。①

1. 把握好批评报道的方向

构建和发挥主流媒体扬正控负的重要作用，追求正面宣传效果，还需要媒体掌握好批评报道的方向，把握好舆论监督的尺度和目标。习近平总书记在党的新闻舆论工作座谈会上指出，“舆论监督和正面宣传是统一的，而不是对立的。新闻媒体要直面我们工作中存在的问题，直面社会丑恶现象和阴暗面，激浊扬清，针砭时弊”，“同时，媒体发表批评性报道，事实

---

① 姜德锋：《论建设性的舆论监督》，《学术交流》2015 年第 1 期，第 204 页。

要真实准确，分析要客观”。[①]

应当认识到，媒体进行批评报道和舆论监督是为了发现问题、引起关注，目的是集思广益地解决问题，在这个过程中不应单纯地“为了揭露而揭露”，也不能将具体的问题泛化，甚至将批评报道作为“反体制”的象征而哗众取宠，当作一举成名的筹码。然而现实情况是，有的报道别有用心地将对具体问题的讨论导向对社会主义制度和党的领导的“反思”，有的媒体“政治意识不强，执行和落实党的宣传纪律不坚决，落实意识形态工作责任制不严”，有部分媒体从业者“在党的宣传工作中，不正确履行职责，造成不良影响”。网络空间中的利益诉求日趋多元化，以这样错误的方式进行批评报道，实际上是将舆论格局引向多元化，侵蚀主流意识形态的根基。

苏联解体的历史教训告诉我们，舆论多元化的本质就是要取消马克思列宁主义的指导地位，使党失去正确而统一的指导思想的理论基础和行动指南[②]，让广大党员和群众动摇对共产主义的理想信念，对党的前途失去信心，使阵营最终溃散或者无疾而亡。[③] 治理网络空间意识形态乱象，要着力反对和整肃这些混迹在新闻宣传队伍中的“第五纵队”，努力打造一支“政治过硬、本领高强、求实创新、能打胜仗的宣传思想工作队伍”。[④]

2. 警惕过度个人化叙事的负面影响

在网络空间意识形态治理中还要警惕个人化叙事在新闻报道中的滥用带来的负面影响。20 世纪 90 年代以来，在西方文化和社会思潮的大量涌入、国家政治意识形态整合功能弱化等多种因素影响下，个人化叙事成为风靡文坛的创作潮流，对宏大叙事进行猛烈批判和彻底抛弃。文学创作开始更加关注人的个体存在和内心世界[⑤]，将现实、历史、国家、民族等剥离开去，将个人价值、个人体验奉为叙事的核心，甚至把个人与社会和集

① 《习近平总书记重要讲话文章选编》，党建读物出版社、中央文献出版社，2016，第 426 页。

② 李慎明等：《苏联亡党亡国反思：“公开性”与指导思想“多元化”》，《红旗文稿》2012 年第 5 期，第 19 页。

③ 张举玺：《论舆论多元化对苏联晚期新闻思想的影响》，《新闻爱好者》2013 年第 9 期，第 11 页。

④ 殷陆君：《新时代宣传思想工作队伍如何打造》，《光明日报》2018 年 9 月 25 日，第 5 版。

⑤ 马德生：《“个人化写作”的困境与宏大叙事重构》，《晋阳学刊》2012 年第 6 期，第 117 页。

体对立起来。[①] 这种极端强调个人感受和遭遇的文艺创作视角或多或少都受到了新自由主义思潮的影响。

值得警惕的是这种写作方式和视角向新闻报道领域的渗透。在网络空间这一迥异于传统媒体传播模式的场域中，以个人化叙事手法写作的新闻报道聚焦于个体的感受和经历，更容易深入人心，引起共情。如果这种报道视角和写作手法能正确运用于对于典型人物的报道和宣传上，无疑能有效提升正面宣传的效果，而一旦新闻报道以这种方式渲染个体伤痛，无限放大个人的遭遇，将遮蔽作为背景的社会环境和时代风貌，不可避免地将受众导向由同情遭遇到质疑体制的歧路。

对于个人化叙事写作方式，我们要根据习近平总书记在党的十九大报告中的要求注意甄别与区分不同性质的矛盾和问题，即“落实意识形态工作责任制，加强阵地建设和管理，注意区分政治原则问题、思想认识问题、学术观点问题，旗帜鲜明反对和抵制各种错误观点”。[②] 既不能姑息养奸，也不能打棍子扣帽子。2020 年 3 月 19 日，《环球时报》总编辑胡锡进表示，“宏大叙事、爱国主义与个人悲苦、愁闷的述说处在这个社会的不同频道上，它们不可能相互占领和覆盖。我们的社会一定要建立起让上述不同频道协调相处的格局与秩序，让它们共同构成时代总体上的建设性”。[③]

（三）提升新媒体舆论效果

“阵地是意识形态工作的基本依托。人在哪里，新闻舆论阵地就应该在哪里。对新媒体，我们不能停留在管控上，必须参与进去、深入进去、运用起来。”[④] 现阶段，主流新闻媒体的媒介融合工作采取多种方式，取得

---

① 黄建生：《新时代语境下宏大叙事的重构与创新》，《河北日报》2019 年 6 月 28 日，第 11 版。

② 习近平：《决胜全面建成小康社会 夺取新时代中国特色社会主义伟大胜利——在中国共产党第十九次全国代表大会上的报告》，人民网，2017 年 10 月 27 日，http：//cpc. people. com. cn/19th/n1/2017/1027/c414395 - 29613458. html。

③ 《胡锡进评“方方日记”现象》，凤凰网，2020 年 3 月 19 日，https：//news. ifeng. com/c/7uyH0zY3rsm。

④ 《习近平总书记重要讲话文章选编》，党建读物出版社、中央文献出版社，2016，第 429 ~ 430 页。

大量成绩，在网络空间的舆论场中占据主导地位。但从总体上看，发展还很不平衡，存在着将传统媒体内容与新媒介形式进行简单嫁接的做法，在网络空间这个新的阵地中难以充分发挥作用。

1. 用好政务新媒体

新媒体的传播特性变革了传统的政府与社会间的沟通机制，一批政务新媒体迅速成长起来，成为主流媒体之外及时沟通社情民意、宣传政府形象的重要渠道。截至2019年12月26日，经过微博平台认证的政务微博已达到179932个，其中政务机构官方微博138854个，公务人员微博41078个。这些政务新媒体通过对社会事件和舆论的主动回应，能够起到及时化解矛盾的作用。[①]特别是在突发事件舆情引导方面，政务新媒体能够发挥意想不到的作用。“当突发事件爆发时，传统媒体由于各种主客观原因容易出现新闻报道滞后的情况，有时甚至传统媒体集体失语。政务新媒体，以其信息传播核裂变的特点、民意充分交互的优势、密集表达的运行机制迅速成为网络信息交流平台和信息发布平台。”[②]

同时，部分公务人员也开通新媒体账号，政府需做好公务人员新媒体账号的摸排与管理，使其成为党和政府舆论引导的一支奇兵。公务人员的新媒体账号可以通过对社会事件进行理性解读，以平等的姿态与网民沟通，逐渐成为政策解读和舆情传达的新管道。

2. 团结新媒体舆论领袖

网络空间意识形态治理要注意通过扩大队伍规模来壮大正面的声音。网络“大V”是舆论场中的意见领袖，特别是在微博舆论场中，他们是舆论形成和传播壮大的重要节点，在很大程度上影响着后来传播者和用户的态度。此外，随着新媒体行业的迅速发展更是形成了一批在新媒体上有特殊影响力的从业人员。两种人员都有着行业分散、流动性大、党外体制外多等特点，如何团结与引导这一部分人士，是在网络空间意识形态治理中扬正控负的源头性措施之一。

2015年5月，习近平总书记在中央统战工作会议上特别指出，要进一步加强留学人员、新媒体中的代表人士和非公有制经济人士特别是年轻一

---

① 熊志宏：《政务新媒体 深耕方能结硕果》，《中国统计》2020年第8期，第51页。

② 魏辉：《政务新媒体在重大突发事件中的舆论引导研究》，《商》2015年第35期，第218页。

代的工作。当年9月颁布的《中国共产党统一战线工作条例（试行）》将“新的社会阶层人士”单列为统战工作对象。2016年7月，中央统战部成立社会阶层人士工作局，这是中央统战部11年来首次设立正局级部门。2019年11月28日，中央统战部、中央网信办在京召开网络人士统战工作会议，会议指出“要加强网络代表人士队伍建设，支持他们在舆论引导等方面发挥积极作用，努力把他们团结在党的周围，为实现中华民族伟大复兴中国梦凝聚智慧和力量”。[1] 从实践来看，各地和各有关部门已经积极开展对这一部分人群的统战工作，总结出“广泛联谊交友、助力成才成长、帮助解决问题、支持建言献策”等工作方式[2]，取得了一定成效。未来还需要在分辨敌我、长效引导、有效团结等方向持续开展工作，最大限度地发挥新媒体从业人员和网络意见领袖的扬正、控负作用。

---

① 《中央统战部、中央网信办在京召开网络人士统战工作会议 尤权出席并讲话》，人民网，2019年11月28日，http：//politics. people. com. cn/n1/2019/1128/c1001 - 31480042. html。

② 《四分钟看懂新媒体从业人员统战工作》，环球网百度百家号，2017年2月22日，https：//baijiahao. baidu. com/s？ id = 1560028928061268&wfr = spider&for = pc。

第二节　网络空间意识形态安全治理路径

随着我国对网络空间意识形态重要性认识的不断深化，国家在各方面采取了一系列卓有成效的治理手段，网络空间生态环境较之以往已经有了明显改善。但同时也应当认识到，目前形成的治理机制中还有着不完善、不健全的地方，如立法语言相对模糊、技术发挥的效能不够、主流媒体阵地不牢等问题已经成为制约这一治理机制运行的影响因素。

当前的中国正面临着“百年未有之大变局”，挑战与机遇并存，需要我们在道路、方向、立场等重大原则问题上守住守好底线、红线，牢牢把握战略上的主动权。2020 年初开始蔓延的新冠肺炎疫情，更是深刻地影响着国际环境，习近平总书记指出，“面对严峻复杂的国际疫情和世界经济形势，我们要坚持底线思维，做好较长时间应对外部环境变化的思想准备和工作准备”。[①] 面对复杂严峻的外部形势和日趋多元的国内利益诉求，更要筑牢网络空间中的意识形态阵地，以更科学的认识和更有效的手段补齐现有的治理机制，坚决维护国家意识形态安全和总体安全。

要维护网络空间意识形态安全，必须正视日新月异的技术迭代速度和多元参与的网络社会治理格局，超越市场和政府二元对立与单一主导的治理模式，运用多方面的力量对网络空间的信息内容和参与主体进行科学引导与规制。本部分将从技术、行政、法律、伦理四条途径来论述网络空间意识形态治理的规范性制度和下一步的发展前景。

---

① 《中共中央政治局常务委员会召开会议 习近平主持》，人民网，2020 年 4 月 8 日，http://politics.people.com.cn/n1/2020/0408/c1024-31666305.html。

一　技术治理

在网络空间意识形态治理过程中，技术发展既是挑战也是机遇。如前文所述，信息技术的发展颠覆了以往的传播模式，削弱了传统媒体的把关人地位，使得对进入大众传播场域的信息进行人工审核变得几乎不可能，为网络空间中意识形态风险的发生创造了基础的物质条件。但与此同时，相较于其他几条治理路径普遍具有的滞后性而言，技术治理是治理过程中最具动态性和活力的要素。解铃还须系铃人，面对技术变革可能带来的意识形态危机，仍然需要从技术本身入手，寻找解决和治理的方案。

分析全球的网络内容治理的总体趋势，技术治理已成为世界各国互联网治理中普遍采取的一条路径。在治理虚假新闻的过程中，脸书、谷歌等平台性的互联网企业除了加强自律以外，更通过积极采取技术手段与政府和法律治理进行合作。脸书逐步加大了对虚假账号的清理力度，并对其平台上的政治广告提出了更严格的要求；谷歌于 2019 年与服务器供应商 Jigsaw 合作推出了一个全新可视化的深度虚假数据库，用于识别深度伪造的网络虚假信息。此外英国政府也建立了其数据伦理与创新中心（CDEI）来应对互联网中的偏见内容。[①] 从国际经验上看，积极发挥平台企业和技术公司所掌握的技术优势，是现阶段推进网络内容治理的有效手段。

从国内网络内容治理所面临的环境看，主要有内容爆炸式增长造成的审核力量不足、“算法黑箱”引起的智能推送难以介入以及人工智能技术带来的大范围“网络水军”等来自技术方面的挑战。[②] 这些内容治理上的现实问题，隐藏着发生意识形态风险的危机。要防范和化解这些风险，需要充分运用技术力量：一是在学术研究上要鼓励意识形态研究与网络通信技术研究相融合，拓宽视野，主动追踪新技术的应用前景；二是要落实平台企业的主体责任，引导企业在现有技术基础上，深入开发，主动作为，为筑牢意识形态阵地提供技术支持；三是要鼓励主流媒体和宣传部门与企

① 戴丽娜：《2019 年全球网络空间内容治理动向分析》，《信息安全与通信保密》2020 年第 1 期，第 24 页。

② 上海赛博网络安全产业创新研究院：《人工智能时代网络内容生态治理的机遇与挑战》，《信息安全与通信保密》2020 年第 2 期，第 22 页。

业深入合作，为人工智能和算法的运用植入向善、向上的价值。

从目前的技术运用来看，已经有基于深度学习的文字识别技术和图像识别技术，AI 技术开始运用于各大平台的审核流程中。以微博平台为例，部分用户在谈论敏感议题或涉及非法内容时，往往将文字保存为图片来规避站方的审核，容易造成不良影响。而随着图像处理技术的突飞猛进，特别是深度学习和卷积神经网络的出现，基于深度学习的方法被运用于中文 OCR[①] 的研究领域，大大提升了对中文字符的检测和识别性能与抗干扰能力，及时补上了漏洞。[②]

对视频尤其是短视频内容的审核是构建合理有效审核机制的重要一环，面对每天数以亿计的视频内容，仅仅依靠平台扩大审核员队伍无法满足需求，AI 技术成为寻求解决方案的方向。除了应用视频 DNA 技术[③]打击盗版以外，还可以运用 AI 技术生成低成本高危视频审核方案，针对色情、广告、暴恐、涉政、不良场景进行快速高效的审核。另外区块链技术也有望被运用于对盗版和非法视频的存证，有利于后续对责任主体的追溯。[④]

但从长远看，区块链技术的普及运用和下一代互联网、IPV6 技术的成熟运用将会进一步凸显互联网的去中心化特征，加大互联网主体的隐匿性和内容的不可更改性。这将进一步便利线上组织宣传扩散非法信息和错误思潮，甚至策划、组织线下违法活动，使重大活动、重要时期的安保工作难度倍增。[⑤]

习近平总书记在网络安全和信息化工作座谈会上指出，“互联网核心技术是我们最大的‘命门’，核心技术受制于人是我们最大的隐患”，“要掌握我国互联网发展主动权，保障互联网安全、国家安全，就必须突破核心技术这个难题，争取在某些领域、某些方面实现‘弯道超车’”。[⑥] 为应

---

① 全称为 Optical Character Recognition，是一种用于识别图像和图形中字符的技术。

② 冯海：《基于深度学习的中文 OCR 算法与系统实现》，硕士学位论文，中国科学院大学（中国科学院深圳先进技术研究院），2019，第 2 页。

③ 视频 DNA 通常是一个二进制串，用来唯一标记一个视频。可以用来提取并比对视频中的图像、音频等指纹特征，解决重复视频查找、视频片段查源、原创识别等问题。

④ 肖长杰：《视频 AI 科技助力短视频生态》，《传媒》2019 年第 4 期，第 21 页。

⑤ 陈慧慧：《网络新技术新应用对互联网内容生态治理的影响及对策》，《信息安全与通信保密》2018 年第 4 期，第 24 页。

⑥ 《习近平总书记在网络安全和信息化工作座谈会上的讲话》，中国网信网，2016 年 4 月 25 日，http://www.cac.gov.cn/2016-04/25/c_1118731366.htm。

对当前复杂国际形势下可能出现的意识形态渗透乃至颠覆活动，一方面继续将网络安全提升到关乎国家安全的高度和层面，加大“党管数据”力度，扎牢网络空间主权安全的篱笆；另一方面必须集中力量，加快推进机器学习、计算机视觉处理、语义分析与推理、自然语言交互分析等技术在网络内容治理和网络空间意识形态危机防范方面的应用探索。努力实现以技术手段应对潜藏风险，以技术力量化解技术危机。

二　行政治理

仅2019年，全国网信系统就累计约谈网站1143家，警告网站848家，暂停更新网站117家，有关网站平台关闭各类违法违规账号群组3.3万个[①]，体现出行政执法部门在网络空间内容治理和意识形态治理方面的突出作用。以网信部门为中心进行的行政管理能够通过行政命令和追惩措施直接干预互联网企业的运行与管理、处置特殊事件，还可以直接指向具体的网络信息内容和发布账号，对其进行限制和删除，这是网络空间意识形态治理过程中最直接的手段。

行政管理在网络空间意识形态治理中有着指向性强、速度快的优势，是治理机制中的主要力量。通过对现阶段行政管理的考察发现，意识形态涉及思想层面，过于直接的管理往往会引起群众反感，并且容易存在简单化、扩大化的倾向。[②] 要在尊重公民言论思想自由与有效进行意识形态治理之间取得平衡，才能继续发挥行政手段高效灵活的优势。必须以正确的政治站位和科学认识为指引，合理调整行政架构，优化行政治理思路，推动行政管理向行政治理方向转变。

调整治理架构，有利于整合多方面的行政力量，明确行政力量的管辖范围。一项基于管理部门之间联合发文的政策文献的量化分析指出，在2003年到2018年，多达56个机构参与了互联网信息服务治理的联合发文。2013年前后互联网信息服务迅速发展出一些新的业态与模式，国家管

① 《一季度全国网信行政执法工作有序推进》，中国网信网，2020年4月16日，http://www.cac.gov.cn/2020-04/16/c_1588583486810466.htm。

② 张清民：《互联网时代的一元与多元——关于意识形态治理的思考与建议》，《学术前沿》2015年第17期，第72页。

理机构也发生了一系列调整。对互联网信息服务和网络空间意识形态的治理不断由碎片化向集中化转变，形成了以国家互联网信息办公室、工信部、公安部三大机构为主的核心治理体系。[①] 另外，各种针对特定目标的各部门之间联合开展的“专项行动”，也是体现跨部门合作、提升治理效果的一种治理策略。

意识形态的传播载体是多种多样的，它既蕴含于新闻媒体的日常报道中，也体现于各种影视剧作品乃至电视、网络上播出的综艺节目里，它还潜藏在小说、音乐甚至电子游戏之中。但在我国目前的治理体制之下，上述各种形式的载体分别归口于不同的部门管辖。网信部门的设立和运行解决了非法内容在网络中的传播问题，而这仅是意识形态危机露出水面的“冰山一角”。

要进一步维护国家意识形态安全，还需要进一步整合有关职能部门，有学者提出，应当进一步提升网信部门的执法能力，强化国家网信部门的权威，同时以法律明确各行业主管部门在网络治理上对国家网信办的协助作用[②]，以妥善处理好各部门之间的监管权限的协调问题。真正建立起核心稳固、管辖明确的网络空间内容治理和意识形态治理体系。

探索网络空间意识形态的行政治理路径，要转变思路、明确对象，将治理目标集中在确有危害的内容和思想上，既不能不作为，也不能乱作为。习近平总书记在主持中共中央政治局第三十六次集体学习时指出，“各级领导干部要学网、懂网、用网，积极谋划、推动、引导互联网发展。要正确处理安全和发展、开放和自主、管理和服务的关系，不断提高对互联网规律的把握能力、对网络舆论的引导能力、对信息化发展的驾驭能力、对网络安全的保障能力”，[③] 网络空间的发展不可避免地具有多元化趋势，其中表现最为明显的就是发声方式的多元化、兴趣的多元化。面对这些新形势、新事物，管理部门和决策者要坚定“四个自信”，以正确的政

---

① 魏娜等：《中国互联网信息服务治理机构网络关系演化与变迁——基于政策文献的量化考察》，《公共管理学报》2019 年第 2 期，第 102 页。

② 张新宝、林钟千：《互联网有害信息的依法综合治理》，《现代法学》2015 年第 2 期，第 58 页。

③ 《习近平在中共中央政治局第三十六次集体学习时强调：加快推进网络信息技术自主创新朝着建设网络强国目标不懈努力》，央广网，2016 年 10 月 10 日，http://xj.cnr.cn/2014xjfw/2014xjfwgj/20161010/t20161010_523186159.shtml。

治站位和科学判断为指引，对网络内容和舆情热点分类治理，不能闭目塞听、一禁了之。

“知屋漏者在宇下，知政失者在草野”，互联网是人民群众进行舆论监督的重要平台，也是传达社情民意的重要渠道。对于网络上群众集中反映的问题，相关部门要及时回应消除误解和谣传，对于确实存在问题的要及时调查、切实处理，经查实与事实不符的，也要第一时间公布调查结果，回应群众关切。一味通过网信部门向网络平台和企业施压，试图以行政力量抑制舆论形成，反而会引发更大不满，激化更尖锐的对立和矛盾，令境外势力乘虚而入。但同时要注意分辨，对于将具体问题扩大化，借机攻击党的领导，否定社会主义制度的言论也要及时处理。

同样，管理部门在对网络文化和文艺节目的治理过程中也要分级、分类进行处理，使用行政力量干预文化产业要慎之又慎，尤其要谨慎使用封禁、下架等强力手段。既要促进网络文化向先进方向靠拢，保证网络视听节目和出版、音乐、游戏等文化产业健康发展，又要尊重多元化的审美趋势和市场合理需求，鼓励、支持和引导社会主义文化事业与文化产业发展繁荣。

三　法律治理

网络空间虽然具有明显的虚拟性，但非“空中楼阁”，而是与现实社会有着千丝万缕的联系，正对现实的政治、经济、文化产生越来越深刻的影响，必须制定相应的法律对不断发展的网络技术和内容进行调整与规制。

完善和加强法律治理是建立网络空间意识形态治理体系的重要环节。从整个体系建构来看，它既赋予行政治理以合法性，保证行政治理手段依法发挥作用；又积极参与到技术主导的社区自治中去，引导技术治理手段确立良性的价值导向。[①] 从这个意义上看，尽快建立健全网络空间治理的法律法规，是使网络空间意识形态治理有法可依，进一步规范网络平台和网民个体自治自律的必然要求；也是维护宪法权威，将宪法第一条与第三

① 郑智航：《网络社会法律治理与技术治理的二元共治》，《中国法学》2018 年第 2 期，第 128 页。

十五条协调统一，平衡维护意识形态安全乃至总体安全与公民言论自由的必然选择。

从全球关于网络空间规制的立法实践来看，西方国家虽然无时无刻不在标榜言论自由，但从未停止过在网络空间和内容管控上的立法进程。1973，瑞典制定《数据法》，这是世界上第一部涉及网络安全的法律。1997 年，德国制定了世界上第一部网络专门法——《为信息与通讯服务确立基本规范的联邦法》。2001 年“9·11”事件后，美国颁布《爱国者法案》《国土安全法案》，赋予美国安全和司法部门查看互联网通信内容的权力。[①] 梳理发现，西方国家的网络空间立法以打击儿童色情、互联网犯罪和恐怖主义为主要目标，虽然没有针对意识形态治理的明确规制，但普遍要求互联网服务提供商和平台企业与政府部门进行数据监管层面的共享与配合。

中国有着迥异于西方的政治体制，在意识形态领域遭受着最持久与深入的渗透和攻击，只能将西方的立法经验作为可参考的一个方面，加强政府与互联网平台企业之间的合作关系。维护中国的意识形态安全和网络空间秩序，还需要从现实出发，实事求是地结合中国经验，保证网络空间立法稳步推进。

党的十八届四中全会以来，互联网领域的立法进程明显加速，取得了一定阶段性的成果，在互联网有害信息治理方面已经形成了比较完备的法律体系。尤其是《中华人民共和国网络安全法》的出台，为网络信息安全建设指明了方向，对我国网络空间法治建设具有里程碑意义，但总体上还有需要完善调整的地方。

宏观的立法规划仍然不完整，部门法规是构成这个治理体系的主要部分。如前文所述，意识形态传播的形式多种多样，互联网的多媒体特性更加强化了这种特征，但我国目前的立法和执法仍然采取各部门“分兵把守”的策略。图书、报纸、杂志、音像、印刷行业由国家新闻出版署主管，广播影视行业由国家广电总局主管，网信办负责互联网等的管理，文旅部负责指导文学、艺术创作和文化市场的建设，公安部负责打击淫秽色

---

① 蔡泉水：《新媒体环境下我国主流意识形态安全研究》，博士学位论文，南昌大学，2016，第 139 页。

情和不良信息，国家版权局则负责对著作权进行管理和保护。[①] 这样以部门主导制定的行政法规在针对特定目标进行专项整治中能够取得较好效果，但往往缺乏整体规划，层级和效力较低，也无法避免各部门之间的管辖冲突和扩权逐利。

另外，多数部门法规都是以“管理规定”“管理办法”的形态存在并发挥效力的，其中对于微信等即时通信软件进行治理的《即时通信工具公众信息服务发展管理暂行规定》自2014年8月7日发布起，已经“暂行”了近8年，《互联网文化管理暂行规定》经过2003年发布、2004年修订、2011年发布新版、2017年再修订，依然处于“暂行”状态。以“管理规定”“暂行规定”等形式颁布行政法规、部门规章及规范性文件，形式灵活，能够有效地避免法律治理的在时效上的迟滞，降低政治管理风险；但同时也容易造成这一领域的治理“多而杂”“不审慎”，违背依法治国原则和要求。

部分法律法规在表述内容和治理对象上模糊不清。既有法律条文中的国家安全、党的安全、国家秘密、国家荣誉和利益、民族仇恨、民族风俗、民族习惯、文化传统、社会公德、邪教、社会秩序、社会稳定等概念，均属于典型的不确定法律概念，具有多义性和模糊性。在具体适用过程中，既有可能难以统一把握解释口径，也有可能被恣意进行扩大解释。[②] 这留给监管机关较大的选择性执法的空间，事实上限缩公民表达自由的空间。同时，未能明确对网络运营者和平台企业的监管责任作出界定[③]，使得网络运营者和平台企业在面对网络空间中处于模糊地带的违规内容时，选择性执行内容标准，从严执行内容标准甚至曲解标准。这些都容易在实际治理过程中引起网民群众对网络空间治理本身的抵触和不满，也消解了法律法规本身的权威性。

推进网络空间意识形态的法律治理，更好地发挥法律在治理过程中的核心作用，仍需要面向我国网络空间和意识形态治理的现实，不仅要推动

---

① 李彪：《微调与强化：社交网络时代媒体监管政策及其走势》，《新闻记者》2015年第4期，第66页。

② 尹建国：《我国网络有害信息的范围判定》，《政治与法律》2015年第1期，第104页。

③ 陈道英：《我国互联网非法有害信息的法律治理体系及其完善》，《东南学术》2020年第1期，第227页。

立法工作，更需要推动释法，明确法律的适用范围。同时通过建立行政解释基准制度，创建行政执法指导案例库等方式尽量统一法律的适用效果。最终达到维护法律尊严、保障公民言论自由与舆论监督权利和有效治理网络空间意识形态风险的平衡与统一。

四 伦理治理

随着互联网日渐深入到社会生活的各个方面，网络空间已经发展为一个规模巨大的“虚拟社会”，而在社会治理中，法治和德治从来都是协同发挥效用的。面对庞大的网络信息内容和复杂的网络生态，仅仅依靠刚性的法律和行政手段来治理网络空间中的意识形态问题，难免会出现迟滞或者扩大化的操作。有必要丰富网络空间中意识形态治理的主体，在以国家和政府为主体的法律治理与行政治理以外，补充以伦理和道德的治理，发挥出柔性治理力量的约束作用，从而在网络平台、网络社区和网民之间树立起广泛的自治与自律理念。习近平总书记强调：“对一般性争论和模糊认识，不能靠行政、法律手段解决，而是要靠马克思主义真理的力量，靠深入细致的思想政治工作，用真理揭露谎言，让科学战胜谬误。”[①]

伦理是处理人与外界关系的准则，也是指导行为的规范之一，伦理的形成和变化既受制于客观的社会实践发展，也受到历史、文化和价值观的影响。网络伦理是指人们在互联网空间中应该遵守的一系列的行为道德准则和价值规范。[②] 在网络空间意识形态治理中重视和发挥伦理治理的补充作用，需要树立适应网络社会特点和网络传播形式的新型的网络伦理。既要挖掘传统伦理中的道德标准，继承和发扬传统文化中的优秀部分与价值规范。又需要大力弘扬和融入社会主义核心价值观，培育新时代下为群众所接受的网络伦理和喜闻乐见的优秀文化。

在网络空间中进行伦理治理，就要树立高度的文化自信，积极从我国传承千年的文化中吸收养分，发掘和弘扬符合时代精神的传统伦理与优秀

---

① 《习近平关于社会主义文化建设论述摘编》，中央文献出版社，2017，第28页。

② 谢新洲、赵琳：《网络伦理的失范与出路——基于网络服务平台治理视角的分析》，《青年记者》2017年第12期，第14页。

传统文化。以儒家为主体的中华文化一直强调“家国同构”“刚健有为”“立言立德”“兼济天下”“天下大同”等思想，欧风美雨的吹打并未使其消亡，反而深刻地影响了民族意识的形成，刻入到现代中国的文化基因之中。马克思主义在中国的传播与实践的过程，既是马克思主义中国化的过程，也是使传统价值和伦理不断实现科学化、时代化的过程。这些传统的价值、文化和伦理在今天依然展现出独特的现实意义，拥有强大的活力，潜移默化地影响着我们的话语体系和价值观念。“小康”“一带一路”“人类命运共同体”“中国梦”，这些目标和追求，既是发展中国特色社会主义的现实要求，也是传统的价值体系与文化伦理同时代内涵相结合的重要表征。[①] 在网络空间中巩固意识形态阵地，营造风清气正的网络空间，需要凝聚各方面力量，要重视这一部分价值和伦理的现实意义，通过媒体和文艺作品正面宣扬等手段发挥其现实作用。

2013 年 1 月 5 日，习近平在新进中央委员会的委员、候补委员学习贯彻党的十八大精神研讨班上的讲话中指出，“灭人之国，必先去其史”，国内外敌对势力往往就是拿中国革命史、新中国历史来做文章，竭尽攻击、丑化、污蔑之能事，根本目的就是要搞乱人心。[②] 网络空间中的历史虚无主义通过否定和重新评价历史，消解着共同的历史记忆和价值信仰。自改革开放以来，以某种形式的文化产品为载体，以传统媒体为传播手段，历史虚无主义在我国文化市场的传播和演进从未停止。[③] 新媒体环境下，历史虚无主义出现了时尚化、隐蔽化的特点，各种通过捏造史实、夸大碎片信息、编制搞笑视频和低俗段子来抹黑历史伟人、革命英烈，美化侵略势力的行为层出不穷，严重污染了网络信息内容生态。

这些思潮形态隐蔽、形式多样，法律上无法准确对它们作出限制，又缺乏能精准识别和打击它们的技术手段，仅仅依靠行政治理和平台自律难以应对海量信息内容。这种处境下就必须发挥伦理治理的补充作用，发挥包括媒体、研究机构在内的各种舆论力量，坚持正确方向、把握正确导

---

① 赵景刚：《文化自信视角下的马克思主义中国化》，《文化学刊》2020 年第 2 期，第 49 页。

② 高希中：《“灭人之国，必先去其史”——反对历史虚无主义》，环球网，2017 年 2 月 16 日，https://china.huanqiu.com/article/9CaKrnK0y4t。

③ 张俭松、张伟英：《历史虚无主义在文化市场上演进的三段历程》，《世界社会主义研究》2017 年第 5 期，第 54 页。

向，在网民和群众中树立正确的历史观与判断标准。依靠人民群众，结成自发反对历史虚无主义、文化虚无主义的强大阵线。

探索网络空间意识形态治理中的伦理手段，还需要发挥多元主体的积极作用，培育符合时代精神的新型优秀文化和网络伦理。尤其要坚持“以人民为中心”的治理理念，建设网络强国既是为了人民，又要依靠人民[①]，应当认识到，广大网民不仅仅是网络空间意识形态和网络信息内容生态治理的对象，通过合理引导，也可以成为发挥建设性力量的积极主体。一方面，发挥好人民群众对违法有害信息的监督作用。仅2020年2月，全国各级网信部门就受理举报1051.6万件网络违法和不良信息，其中来自微博、百度、阿里巴巴、腾讯、新浪网等主要商业网站的受理量占78.7%，达731.0万件。[②] 网民举报网络违法和不良信息成为行政治理与技术治理之外的重要补充。另一方面，网民是构成网络空间的最活跃主体，是推动网络文化形成和发展的最根本力量。通过对网络社会的观察不难发现，网民尤其是青年网民创造的网络话语越来越频繁地进入到主流媒体的宣传话语体系之中，在2020年突袭而至的新冠肺炎疫情中，出现了一批网友自发创作的标语、漫画、视频剪辑等作品。这些作品来自疫情时期个体最切身的感受和体验，形式新颖，富有感染力和传播力。网络空间意识形态的伦理治理，就是要发挥和运用好这一部分网民自发创造出来的优秀网络文化，团结好最广大的人民群众，坚持强化社会主义核心价值体系，以引导和建设好新的网络伦理与网络文化。

---

① 张显龙：《坚持“以人民为中心”推进网络强国建设》，《人民论坛》2018年第33期，第49页。

② 《2020年2月全国受理网络违法和不良信息举报1051.6万件》，中国网信网，2020年3月7日，http://www.cac.gov.cn/2020-03/06/c_1585041833059020.htm。

第六章 CHAPTER 6

网络空间意识形态安全治理的他山之石

第一节　英国网络空间意识形态的安全治理

随着网络的迅猛发展和高度普及，英国作为网络和信息化高度发达的国家之一，越来越意识到网络空间意识形态安全的重要性，并将其作为国家安全和影响其他经济社会领域的重要组成部分。为了维护网络空间的安全，英国于2009年首次出台了《英国网络安全战略：网络空间的安全、可靠性和可恢复性》，以加强对网络空间的管控和规制。2016年，英国政府发布第三版国家网络安全战略——《2016—2021年国家网络安全战略》，进一步加强了对网络空间领域的安全建设，并取得了一定成果。

一　英国网络治理的参与主体

1. 政府直属部门

英国政府在网络空间领域的监管中承担着主导责任。政府针对网络空间的治理，主要涉及互联网安全、儿童保护、个人信息及隐私保护、网络犯罪等方面，并成立各种专门办公室执行不同职能。英国政府于2003年成立通信办公室，重点负责对网络信息的安全维护和内容管制，推动建立以分级认证和信息过滤为基础的网络系统，引导网络终端用户正确、安全选择网络内容。[①] 此外，英国内政部设立了儿童网络保护特别工作组织——英国儿童网络安全理事会负责儿童网络安全工作；反情报及国家安全部门——军情5处负责网络上的恐怖主义、极端暴力活动和仇恨言论的举报、接受和处理；商业、创新与技术部和贸工部负责包括网络、电信、广

① 盖宏伟、宋倩：《英国网络信息安全问责制度与启示》，《中国集体经济》2018年第15期，第168页。

播电视在内的产业政策、网络知识产权保护等。[①]

2. 行业自律组织

英国十分注重对儿童接收信息的保护，在这方面发挥重大作用的行业组织是英国网络观察基金会（Internet Watch Foundation，IWF）。IWF是一个独立的互联网行业监督组织，1996年9月成立，由来自互联网行业各个方面的人员组成的董事会进行管理。多年来，该组织在打击互联网色情方面形成了网络内容管理的行业自律模式。IWF的工作模式遵循《R3网络安全协议》中的规定，即分类、报告和责任（Rating、Reporting and Responsibility）。作为IWF的成员，每个互联网服务提供商都有责任审查其自身提供的内容，并根据相应的法律法规标记不适合青少年接收的色情内容。英国网络观察基金会的主要工作是处理各种不良信息。如果网络用户发现不良内容，他们可以登录基金会的网站进行举报和投诉，然后基金会将对其进行调查和评估。如果识别出非法内容，将通知相应的网络服务提供商从服务器中删除非法内容，并将问题转移到执法机构进行处理。

此外，其他的互联网信息内容行业自律组织还有互联网服务提供商协会（The Internet Service Providers Association，ISPA）、独立移动设备分类机构（The Independent Mobile Classification Board ，IMCB）、点播电视联盟（The Authority for Television on Demand ，ATVOD）等。[②]

3. 社会公众监督

在网络空间意识形态的安全治理中，公众作为互联网内容的发布者和接收者，是一支不可忽视的依仗力量。据英国国家统计局2018年公布的数据，英国90%的成年人是网民，只有8.4%的英国成年人从未使用过互联网。英国政府十分鼓励社会公众参与到信息监督的行列中来。

为了提高公众的网络媒介素养，英国启动了许多教育计划。从2016年9月开始，网络安全知识和技能成为获得计算机和数字相关继续教育资格证书的关键评估因素。同时，英国还鼓励高等学校重视网络安全教育，自

① 李丹林、范丹丹：《论英国网络安全保护和内容规制》，《中国广播》2014年第3期，第52页。

② 李丹林、范丹丹：《论英国网络安全保护和内容规制》，《中国广播》2014年第3期，第51页。

2016年以来，英国工程技术学会已将网络安全列为其学士学位课程的必要组成部分，此外，英国计算机协会，也已将网络安全方面的课程列为获取计算机领域学位的必要学科。[①] 公众在自律的同时，可以向英国网络观察基金会举报非法网站或网络内容，该基金会将根据公众提供的线索评估并确定报告内容。如果发现违法，将立即通知网络服务提供商，责令其删除违法内容，并将其移交给相关执法部门进行处理。

此外，新闻媒体在维护网络信息安全的舆论监督中发挥着重要作用，一方面，新闻媒体曝光各种网络犯罪和违纪行为，从而实现对公众的预警作用，净化网络空间。另一方面，新闻媒体提供了国家网络信息安全战略及法律法规政策的宣传渠道，帮助公民及时准确地了解国家的网络治理政策。

二　英国网络治理的实践

1. 行业协议

1996年9月，英国贸易和工业部牵头，联合内政部、伦敦警察局等政府机构，以及主要的互联网服务提供商，商讨如何对互联网内容进行监管，达成了一份《R3网络安全协议》。该协议旨在解决互联网上的非法内容问题，特别是传播儿童色情的内容，协议的提议者坚决希望删除互联网上的儿童色情内容，主要以分级、检举和责任三个关键标准来执行，要求网络内容提供商必须对他们所提供的服务和内容负责，并在发现非法内容或活动的情况下提供应对机制。对于传播非法内容的用户，警察有追究其法律责任的权利。

此外，该协议还明确了网络服务提供商的具体分工，比如热线服务，即服务提供商将设立一条热线，接受任何人通过电话、邮件、电子邮件或传真投诉的材料；通知服务则要求当传播的非法材料来源于英国时，网络观察基金会追查来源，告知作者触犯法律的惩罚措施，并要求他们删除违法材料，如果作者不配合，将要求相关服务提供商采取行动，并将

① 《英国政府公布网络安全学徒计划》，http：//www.cac.gov.cn/2015－04/03/c_1114862131.htm，最后访问时间：2022年5月19日。

详情转交给国家刑事情报局（NCIS）；此外还有其他服务包括网络观察基金会将赞助有关机构研究和开发如何对互联网上非法内容进行检测、追踪和清除。

2. 立法建设

2000年，英国制定并颁布了《通信监控权法》（Interception of Communications Act 2000），该法规定，根据法定程序，为维护公众的通信自由和安全以及国家利益，可以动用皇家警察和网络警察，可以截收或强制性公开网络信息。2001年实施的《2000年调查权管理法》（2000 Investigation Powrers Regulation Act），规范了政府公共权力部门的通信数据的截收、监控等行为，加密电子数据的监控行为以及对调查权和情报机构功能的监督行为。“英国《2000年调查权管理法》的立法宗旨在于维护国家、公共安全，预防、侦查犯罪，防止社会混乱，促进国家的经济繁荣与稳定，保护公共卫生，保证税收的评估、征收及国务大臣令中规定的其他任务和目的。”①

此外，针对数据泄露的情况，2017年8月，英国数字、文化媒体和体育部在原有的《1998年数据保护法》的基础上，发布了《新的数据保护法案：我们的改革》报告，旨在加强对数字经济时代网络数据的保护，以达到三大目标：一是维持数据可信；二是推动未来贸易发展；三是确保安全。根据该法案，“英国个人数据保护机构信息专员办公室（ICO）将获得更多的权力来维护消费者利益，包括调查权、民事处罚权、刑事追责，强化对违法行为举报人的保护，并对最严重的违规行为进行高达1700万英镑或全球营业额4%的罚款”。②

3. 战略规划

随着网络空间安全所受到的威胁逐渐加大，英国政府全面推行网络安全战略，于2009年6月发布了该国首个网络安全战略。主要内容包括整合网络安全力量，保证英国在网络安全领域的优势地位，提高各层面各领域的网络安全防护能力以及决策水平，降低网络安全风险，严厉打击网络恐怖主义和网络集团犯罪行为，保证英国在网络空间意识形态领

① 陈光中：《对英国〈2000年调查权管理法〉的分析研究报告》，《诉讼法论丛》2002年第00期，第196页。

② 何波：《英国新数据保护法案介绍与评析》，《中国电信业》2017年第11期，第74～75页。

域的利益。

2011 年，在 2009 年网络安全战略的基础上，英国政府发布了该国第二个网络安全战略。主要目标有四个：一是积极应对各种网络犯罪行为，将英国打造成为世界上网络环境最为安全的国家之一；二是确保英国面对网络攻击时具备较强的恢复能力和防御能力，为其在网络中的各方面利益提供可靠保障；三是构建充满活力和自我修复能力的安全的网络，使英国民众可以放心使用；四是构建跨领域的知识和技能体系，从而对所有的网络安全目标提供基础支持。①

2016 年 11 月 1 日，英国政府发布了《国家网络安全战略（2016～2021）》，在这一五年战略的实施过程中，其将投资 19 亿英镑（约合 23 亿美元）用于网络保护系统和基础设施的建设。该战略设有以下三个战略目标：一是保护英国免受不断演变的网络威胁，高效回应各类事件，确保英国网络、数据和系统得到保护与恢复，使公民、企业和公共部门具有自卫的知识与能力；二是侦查、了解、调查和破坏针对英国的敌对行动，并追捕和起诉罪犯，保有在网络空间采取进攻性行动的能力；三是拥有自给自足的人才通道，以满足英国在公共和私营部门的需求。英国的尖端分析能力和专业知识将使英国能够应对与克服未来的网络空间安全威胁及挑战。②

① 李晓飞：《试析英国的网络安全治理》，硕士学位论文，外交学院，2014，第 23 页。

② "NATIONAL CYBER SECURITY STRATEGY 2016 - 2021," The Cabinet Office, November 2016, p. 9.

第二节　美国网络空间意识形态的安全治理

美国作为最发达的国家之一，享有得天独厚的经济、政治和技术优势，在网络空间领域中拥有强大的话语权。同时，作为互联网的起源国家，在网络资源的分配上同样处于主导地位。美国拥有较为完善和成熟的网络空间治理组织体系，并配有专门的法律制度和国家战略。

一　美国网络空间治理的组织结构

美国网络空间意识形态治理的组织机制主要由政府的行政主体部门以及之后成立的国土安全部门组成。

1. 美国联邦通信委员会

美国联邦通信委员会（FCC）是美国负责网络空间安全治理的主要机构，于1934年基于《通信法》建立。目前，美国联邦通信委员会的职能众多，且同时肩负着监管互联网行业的责任。其网络内容监管职责主要通过对网络内容进行界定、内容分级控制、年度报告规制、监测、投诉和处罚规制等手段实施。[①] 在奥巴马执政的2015年，美国联邦通信委员会通过“网络中立原则”提案，该提案是当时对互联网业作出的最大监管整顿。它规定在法律允许范围内，所有互联网用户都可以按自己的选择访问网络内容、运行应用程序、接入设备并自主选择服务提供商，防止互联网服务商为了获得商业利益干涉信息的自由流动。但在2017年12月14日，美国联邦通信委员会又废除了“网络中立原则”的决议，这给美国网络服务供

① 刘恩东：《美国网络内容监管与治理的政策体系》，《治理研究》2019年第3期，第105页。

应商和运营商带来了诸多好处，同时限制了网络上一些反美恐怖主义的传播。“对比‘网络中立原则’中的‘禁止电信运营商封锁网站、禁止减慢加载速度’等条款，就会发现，‘网络中立原则’所禁，正是‘网络空间攻击’所为。也就是说，废止‘网络中立原则’，正是美军‘网络空间攻击’所需。”①

2. 美国国土安全部

美国是关键基础设施保护起步最早的国家，拥有相对完善的关键基础设施保护体系。“9·11”事件后，2002 年 11 月，美国通过《国土安全法案》成立国土安全部（U. S. Department of Homeland Security，US DHS），主要负责关键基础设施的保护和网络信息安全事务的统一管理。“国土安全部的主要任务是：预防在美国国内发生的恐怖分子袭击；提高美国对恐怖主义的应对能力；一旦恐怖袭击发生，使损失最小并尽快恢复。”② 为了确保网络空间安全，“美国国土安全部在《网络安全战略》中提出了识别风险、减少漏洞、减小威胁、减轻影响和实现安全的‘五大支柱’”③，并希望借此来实现对政府、企业和公民的网络安全管理与治理。

2018 年 11 月，为应对不断增长的网络威胁趋势，美国总统特朗普签署了《网络安全与基础设施安全局法案》，该法案批准将国土安全部下的国家保护和计划局（NPPD）重组为网络安全和基础设施安全局（CISA）。CISA 下设网络安全司、应急通信司、基础设施安全司、国家风险管理中心和联邦警务局五个部门。该部门的成立扩大了国土安全部的网络安全职能，其主要任务就是强化关键基础设施保护工作，提升网络空间安全治理能力，以抑制日益猖獗的网络犯罪和黑客行动。“CISA 将原有的 NPPD 的技术支撑部门进行了系统整合，以‘风险管理’的理念处理关键基础设施面临的风险和危险，实施全方位的态势感知，这种做法是十分先进的。”④

---

① 吴敏文：《美国废除“网络中立”，网络攻击或将更无忌惮》，人民网，2018 年 7 月 13 日，http：//military. people. com. cn/n1/2018/0713/c1011－30145160. html。

② 王月红：《美国国土安全部正式成立》，《国家安全通讯》2003 年第 3 期，第 36 页。

③ 刘传凯、王俊魁：《解读美国国土安全部〈网络安全战略〉》，《保密工作》2018 年第 12 期，第 52 页。

④ 安锦程：《从美国“CISA 法案”看美国关键基础设施管理体系对我国的借鉴》，《法制与社会》2019 年第 10 期，第 156 页。

二　美国网络空间治理的实践

1. 审查制度

美国经过多年探索形成了较为成熟的网络安全审查制度，以应对网络空间里的有害言论。20 世纪 80 年代，美国出台信息设备政府采购法，并制定信息安全测试评估的技术标准，授权国家安全局等部门联合执行。“9·11”事件后，美国扩大了对政府采购信息设备审核监督的权力及范围，形成了一套严格的国家安全审查制度。[①]美国网络安全审查制度呈现出四个特点，一是审查范围逐步拓展；二是审查内容逐步扩大；三是审查流程保密；四是审查结果具有强制性。2012 年中国电信设备制造商华为和中兴先后在美国遭调查封杀，便是网络安全审查的直接后果。[②]

美国按照系列安全审查原则对网络空间上内容和信息进行治理与监管。基本的审查原则有明显且即刻危险原则、事后限制原则和表达内容中立原则。明显且即刻危险原则是指当信息具备威胁的明显性和时间的即刻性时则是危险信息。除非当这些言论或行为达到需要立即钳制这些言论才能挽救国家的程度，政府不得对言论进行刑事惩罚。事后限制原则具体是指通过事后追惩的方式对不当言论进行限制，但这种限制还应恪守两个原则，即对事后追惩的尺度把握必须严格控制，对事后惩罚的条件和范围必须进行严格精确的界定。表达内容中立原则仅对言论发表的时间、地点、方式等形式方面进行审查与限制，而不涉及限制表达内容本身。一方面限制社会价值较低的淫秽言论、侮辱诽谤言论、好斗言论甚至商业言论的表达自由等；另一方面从限制或者禁止表达对公共秩序、私人财产等利益的破坏等内容展开。[③]

2. 立法建设

美国对网络空间治理的立法建设起步较早，也是制定针对网络空间监

① 吴世忠：《他山之石：国外在信息技术领域的安全审查制度》，中国网信网，2013 年 12 月 24 日，http：//www. cac. gov. cn/2013 - 12/24/c_1114978513. htm。

② 王珞：《美国网络安全审查制度的战略效应》，中国共产党新闻网，2015 年 4 月 14 日，http：//theory. people. com. cn/n/2015/0414/c386965 - 26841375. html。

③ 刘恩东：《美国网络内容监管与治理的政策体系》，《治理研究》2019 年第 3 期，第 105 页。

管和治理相关法律最多的国家，营造了“以法治网”的格局。早期，美国对互联网领域的立法建设处于探索阶段，1974～2000年，美国陆续制定了《隐私权法》《计算机安全法》《信息基础设施保护法》《电子通信法》《网络舆情安全保护法》《儿童在线隐私权保护法》《网络空间电子信息安全法》等一系列法律旨在从多个层面净化网络环境。

“9·11”事件以后，美国明显加大了立法的力度，并且十分重视对网络空间里威胁国家安全的网络恐怖主义的治理。2001年10月26日，《美国爱国者法案》（USA Patriot Act）颁布，根据法案的内容，为了遏制网络恐怖主义，赋予美国安全部门监控互联网通信内容的权力，一些互联网公司如微软、谷歌等都必须接受美国政府的检查，向政府提供资料和数据。该法案后来进行了适当的改革，增加了监管的透明度。2002年美国通过了《联邦信息安全管理法案》（Federal Information Security Management Act），规定实施信息安全计划。法案中对联邦机构实施的信息安全计划提出了各方面的具体要求。这些要求贯穿信息系统事前的风险评估、政策制定，中间的运行流程和之后的检测评估、整改、应急响应整个生命周期。

《联邦信息安全管理法案》明确授权国家标准与技术研究院（NIST）负责有关标准和指南的制定工作，主要内容包括根据系统所面临的风险及其保护强度要求，制定分类标准；制定对系统进行分类的技术指南；制定每类信息及信息系统所需要的最低安全保护要求等。[①] 2013年后，美国相继制定了《网络安全公共意识法》《网络信息共享和保护法》《联邦信息安全管理法》《国家网络安全保护法》《网络安全和关键基础设施保护法》等法律。2015年美国制定颁布了《网络安全信息共享法案》（Cybersecurity Information Sharing Act，CISA），旨在建立一种共享制度，即鼓励企业分享其掌握的信息给其他企业和美国政府，减少网络空间中各种安全威胁，以应对有害内容的传播。

3. 战略规划

2001年1月，美国提出了《保护计算机空间国家计划》，2003年2月，美国正式发布了《保护计算机空间国家战略》。该战略包括三大战略

---

① 杨碧瑶、王鹏：《从〈联邦信息安全管理法案〉看美国信息安全管理》，《保密科学技术》2012年第8期，第37～38页。

目标：预防针对美国关键基础设施的计算机攻击；降低易遭受攻击的计算机的脆弱性；在已发生的计算机攻击事件中使损失和恢复时间最小化。另外还规定了五项重点发展任务：国家计算机空间安全响应系统；国家计算机空间安全威胁和脆弱性减缓方案；国家计算机安全意识培训计划；保护政府计算机空间；国家安全和国际计算机空间安全的协作。[①]《保护计算机空间国家计划》建立了信息安全管理的完整的组织体系，美国的目标是"确认关键基础设施资产以及相互依赖性，发现其脆弱性；检测攻击和非法入侵，开发稳健的情报和执法功能，保持与法律的一致，以实时的方式共享攻击警报和信息，建立响应、重组和恢复能力，建立牢固的网络信息安全根基"。[②]

2011 年 5 月，美国以传播美式价值观为核心目标，以构建网络世界的"新秩序"为目的颁布了《网络空间国际战略》。该战略是美国首个关于国际网络空间建设的纲领性文件。根据该战略，美国在对外战略上宣扬"互联网自由"，目标是大力推进网络外交，使其意识形态渗透、输出更具时效性、隐蔽性和整体渗透性。互联网自由战略的核心内容是利用互联网的"传播自由与民主的能力"，大力鼓吹"不受国家主权约束的信息自由流动和信息自由传播"，宣扬"互联网自由"及互联网世界的"公开、透明和人权"等"普世价值观"。[③] 事实上，美国互联网自由战略在实际行动中具有双重标准，在国际国内依据亲疏关系区别对待，本质上是为了在全球网络空间实行意识形态霸权。

2018 年 9 月 20 日，美国总统特朗普签署发布《国家网络战略》，这是特朗普上任后的首份网络安全战略报告。该战略概述了美国网络安全的 4 项支柱、10 项目标与 42 项优先行动。战略分为四个部分。（一）保护美国人民、国土和美国人的生活方式。重点保护政府网络、关键基础设施，打击网络犯罪。美国政府、私营企业和公众必须立即采取果断行动，加强网络安全管理，各自致力于确保其控制下的网络安全，并在适当情况下相互

---

① 许士博等：《美国保护计算机空间国家战略》，《网络安全技术与应用》2003 年第 5 期，第 14～15 页。

② 沈昌祥：《信息安全国家发展战略思考与对策》，《中国人民公安大学学报》（自然科学版）2003 年第 4 期，第 2 页。

③ 刘恩东：《美国网络内容监管与治理的政策体系》，《治理研究》2019 年第 3 期，第 105 页。

支持。（二）促进美国的繁荣。在这个日益数字化的世界里，美国将以协调一致和全面的方式应对网络空间安全威胁与其他挑战，以捍卫美国的国家利益。保持美国在技术生态系统和网络空间发展中的影响力，使其成为经济增长、创新和效率的开放引擎。（三）以实力求和平。网络空间将不再被视为一个与国家权力其他要素脱节的单独政策或活动类别。美国将把网络选项的使用纳入国家权力的每一个要素。识别、打击、扰乱、降级和阻止网络空间中破坏稳定与违背国家利益的行为，同时保持美国在网络空间的优势。（四）提升美国影响力。美国将保持积极的国际领导姿态，以提高美国的影响力，应对其网络空间领域面临的一系列威胁和挑战。与盟国和合作伙伴进行合作以确保美国能够继续受益于互联网开放的、可互操作的架构。①

① 桂畅旎：《特朗普政府〈国家网络战略〉内容评述及影响评估》，《信息安全与通信保密》2018年第11期，第51～60页。

第三节　西方主要国家网络空间意识形态治理对我国的启示

综观英美两国在网络空间意识形态治理的一系列举措，尽管两国在诸多方面存在差异，但都具备着严密、多方位的治理模式和体系，并根据各自的国家体制机制形成了以政府为核心的网络空间意识形态安全治理的组织机构。在治理实践方面，英美两国均十分重视新形势下网络空间意识形态安全治理在国家安全战略中的重要性，采取立法等方式给予治理网络空间意识形态的合法性。同时，在具体的治理过程中，兼顾政府机构、行业组织和社会公众在网络空间意识形态安全治理中的角色，并通过技术手段进行支持。

当前，互联网已迎来 Web 3.0 时代，分布式、去中心化、点对点网络、区块链等趋势为网络空间意识形态的治理带来了机遇和挑战。无论是国外意识形态的渗透和挑衅，还是国内社会公共事件引起意识形态冲突，均对我网络空间意识形态安全治理工作敲响了警钟。当前，我国对网络空间意识形态的治理体系的构建已经起步，但仍然稍显滞后。在此背景下，西方主流国家英国和美国的治理手段与措施，对我国未来的网络空间意识形态安全治理体系的构建具有一定的借鉴意义。

一　建立多元主体参与的治理体系

作为单一制国家，我国中央政府在国家的运行过程中处于主导地位。在网络空间意识形态安全治理中，政府同样起着主导作用。但网络空间意识形态治理是一个涉及多领域、多主体、多种价值的复杂过程，需要政府、行业组织和社会公众共同配合才能产生“化学效应”。因此，我国应在符合民意和人民需求的基础上，建立多元主体参与的网络空间意识形态治理体系。

首先，我国目前负责网络监管的部门众多，比如宣传部门、新闻出版主管部门、文化部门、信息产业主管部门、政府法制部门、公安部门、国家安全部门、广播电影电视主管部门等，呈现所谓“九龙治水”的管理格局。各部门在执行工作期间往往会出现意见不一，互相推脱等情况。因此，政府应严格行政管理，明确网络治理的行政机构，明确各部门的权责分工，将职能细化，有序、有针对性地进行网络空间意识形态安全治理。2014 年 2 月，中央成立网络安全和信息化领导小组及其办公室，网络治理的主管行政机构得以确立。2016 年 11 月出台的网络安全法第八条规定，“国家网信部门负责统筹协调网络安全工作和相关监督管理工作。国务院电信主管部门、公安部门和其他有关机关依照本法和有关法律、行政法规的规定，在各自职责范围内负责网络安全保护和监督管理工作”。主导部门和协作部门权责的明晰从组织层面为网络空间意识形态安全治理奠定了基础。

其次，政府还应鼓励行业积极参与治理，进行自律和他律，积极探索和建立行业自律组织机制。目前，我国最主要的行业自律部门是中国互联网协会，该会成立于 2001 年 5 月 25 日，属于非营利性的社会组织。与英国相比，我国的互联网协会并不是单纯的行业自律组织，其主管部门是中华人民共和国工业和信息化部，政治色彩较为浓厚。这一方面增加了治理的权威性，但也与政府机构主体的职责相重叠。政府机构背书行业协会，增加了政府治理的负担。政府应鼓励互联网行业成立自主性的治理协会，制定治理的纲领和准则，为公民的意见反馈和监督行为开通渠道。政府只需对行业自律组织的工作提供政策与法律依据，保障其行为的正当性和合法性。

此外，公民作为网络空间中的活跃主体，在网络空间意识形态安全治理中的作用同样不可忽视。根据第 45 次《中国互联网络发展状况统计报告》，截至 2019 年 12 月，国家互联网应急中心（CNCERT）接收到网络安全事件报告 107801 件，较 2018 年底（106700 件）增长 1.0%。[①] 可见，

① 《第 45 次〈中国互联网络发展状况统计报告〉》，中国互联网络信息中心，2020 年 4 月 28 日，http：//www.cnnic.net.cn/hlwfzyj/hlwxzbg/hlwtjbg/202004/t20200428_70974.htm。

我国公民已经深度参与到网络治理工作中。但不可忽视的是，我国公民作为网络安全的重要参与者，其网络素养特别是网络安全素养亟待提高。国家需要大力推进网络安全教育，在这方面，我国已迈出了坚实的步伐。2014年11月24日至30日，中央网络安全和信息化领导小组办公室（中央网信办）会同中央机构编制委员会办公室（中央编办）、教育部、科技部、工业和信息化部、公安部、中国人民银行、国家新闻出版广电总局等部门，举办了首届国家网络安全宣传周，自此，我国每年举办一次国家网络安全宣传周，帮助公众更好地了解、感知身边的网络安全风险，增强网络安全意识，提高网络安全防护技能，保障用户合法权益，共同维护国家网络安全。同时，公民自身也应主动积极学习网络安全的相关知识，提高自身素养，不滥用言论自由的权利，严于律己，不断发挥“公民警察”的作用，积极监督举报反馈传播有害意识形态的现象。

二 完善网络法律法规体系

近年来，我国陆续颁布了多个关于网络安全的法律法规，其中最具代表性的是2017年6月1日开始实施的《中华人民共和国网络安全法》，该法致力于保障网络安全、国家网络空间主权、经济社会信息化健康发展等。《中华人民共和国网络安全法》中的条文覆盖了网络安全的多个领域，包括网络运行安全、关键信息基础设施的运行安全、网络信息安全和监测预警与应急处置等。但比起英美两国在网络治理方面严密的法律体系，我国的网络立法仍有缺漏，且网络空间立法建设进度较滞后。

结合英美两国的经验，首先，我国应加快网络空间意识形态安全治理的法治进程。在网络安全法的基础上，紧跟互联网新趋势和新变化，制定实施细则，修订一些过时不适用的法规条例，同时将一些位阶较低的规范性文件法治化，以适应当下网络空间新形势。其次，弥补网络安全立法的漏洞，制定具体领域的法律法规。比如，针对当前网络数据和个人信息严重泄露的现象，制定个人信息保护法；针对当前青少年和儿童受互联网影响，接触大量不良有害低级内容的情况，构建防止互联网有害信息侵害未成年人的法律体系；针对关键网络基础设施的保护，制定专门的网络安全和基础设施保护法等。

三　修订网络安全领域战略规划

2016 年 12 月 27 日，国家互联网信息办公室发布了《国家网络空间安全战略》（以下简称《战略》），这是我国在网络空间安全领域工作的重大突破。《战略》列举了当前面临的机遇和挑战并规定了相应战略目标、战略原则、战略任务。

《战略》指出，“国家政治、经济、文化、社会、国防安全及公民在网络空间的合法权益面临严峻风险与挑战”。具体包括网络渗透危害政治安全、网络攻击威胁经济安全、网络有害信息侵蚀文化安全、网络恐怖和违法犯罪破坏社会安全、网络空间的国际竞争威胁世界和平等多个方面。

《战略》制定的九个战略任务对我国当前网络安全治理工作有重大意义，这九大任务分别是：（一）坚定捍卫网络空间主权；（二）坚决维护国家安全；（三）保护关键信息基础设施；（四）加强网络文化建设；（五）打击网络恐怖和违法犯罪；（六）完善网络治理体系；（七）夯实网络安全基础；（八）提升网络空间防护能力；（九）强化网络空间国际合作。

相比而言，英国、美国均相继发布了好几版阶段性战略规划，将其作为国家安全战略规划中的重要组成部分，每一版都具备不同的侧重点。而我国网络安全战略却比较原则和宏观，缺乏动态跟进与及时修订。随着网络的快速发展，网络安全领域战略规划应与时俱进，要具备灵活性和全面性。从整体来看，由于网络空间意识形态的安全治理是一个长期复杂的过程，未来国家应根据现阶段国际国内的态势以及社会经济政治文化发展现状，制定可操作性高和适应性强的短期、中期和长期的阶段性网络安全战略规划。从细节来看，未来战略规划要包含以下几个方面。一是强调自律，在完善网络治理体系的过程中，鼓励建立行业自律组织体系以及公众的参与，并辅以法律和教育的加持。二是建立审查和问责机制，并明确审查原则。借鉴英美两国的经验和教训，审查原则要以公民利益为基础，不得侵犯公民的个人权利，对审查的对象和内容要有清晰的界定。

四 完善教育、技术、国际合作等系列工作

在教育方面，我国目前网络安全专业人才缺乏，且公民网络素养有待提高，安全意识薄弱，这一定程度上加大了网络空间意识形态安全治理工作的难度。因此，各级学校应注重学生媒介素养的培育，普及网络安全知识，适时举办相关活动提高学生积极性和主动性；高校应开设相关课程和专业传授知识，培育专业型人才。在互联网行业，各类企业应开设人才通道，招贤纳士，创新人才竞争和激励模式，激发员工学习并提升自己的动力，大力选拔人才。

在技术方面，我国技术力量薄弱易受网络安全威胁。在网络空间意识形态治理体系中，重视技术治理的作用，借鉴发达国家的经验，大力开展技术创新，建立网络空间防御、过滤和监控系统。防御系统即建立安全墙抵御网络黑客和恐怖主义的入侵；过滤系统即利用大数据和人工智能的技术自动过滤垃圾无用的信息，净化网络环境；监控系统即建立24小时运行的网络活动监控网，监控对象包括各大网络社区、网站、社交平台等公共空间和行业内互联网机构的通信活动等。

在国际合作方面，首先，我国应对一些国家试图推行网络空间意识形态霸权的行为采取强硬态度，保证我国在国际网络空间中的网络主权和话语权。其次，我国应加强网络空间意识形态安全治理的国际合作，积极参加和召开国际会议，就网络空间意识形态的治理和监控等话题展开对话。同时，应积极开展与全世界各个国家的合作，共同制定利益共享、促进和平的网络空间意识形态安全治理的一系列协定，促进互相支持和援助。此外，我国还应积极参与和开展国际网络安全演习活动，鼓励先进互联网企业参与进来，对我国网络空间安全治理设计的设备、系统等方面进行评测。

第七章

CHAPTER 7

结论、问题及对策建议

第一节　主要结论

我国网络空间意识形态安全虽遭遇西方意识形态渗透的严峻挑战，但也面临党和政府高度重视的难得机遇。我们要以习近平总书记关于意识形态工作的重要论述为指导思想，构建网络空间意识形态治理体系，提升网络空间意识形态治理能力。

网络空间意识形态治理体系的构建要综合考虑治理的环境因素，厘清言论类型，明确参与主体，构建机制路径。环境因素是包裹网络空间意识形态的虚拟时空，是一个意识形态交流、交融、交锋的网络“意见市场”。在这个“意见市场”中，存在着多种多样的言论类型，其中不少言论类型能够影响甚至威胁国家意识形态安全，它们包括但不限于：网络渗透、网络泄密、网络谣言、网络仇恨、网络煽动等。

为了维护网络空间的意识形态安全，以政府为主导的参与主体通过一系列制度与途径对网络空间意识形态展开治理。在治理过程中，政府各职能部门应起治理的主导作用，社会、行业、自媒体、网民起辅助作用。治理路径包括技术治理、行政治理、法律治理、伦理治理四种，这四种治理路径并非相互割裂，而是一个相互贯通的治理体系，并蕴含在三大治理机制中，即准入/退出机制、防范/追惩机制和扬正/控负机制。

网络空间意识形态安全治理体系的构建既要基于中国国情，做好中国网络空间意识形态治理经验的理论总结，又要借鉴其他国家网络空间意识形态治理的做法，吸取经验，避免教训。

一　中国经验的理论总结

（一）建设中国特色的网络治理机制

第一，完善准入/退出机制。以法律法规为依据，完善网络服务提供者与使用者的准入与退出机制，压实网络服务提供者的审核责任，依法授权其对网络服务使用者进行管理。第二，完善防范/追惩机制。以网络实名制为依托，通过审核机制，防范敌对意识形态进入网络。同时，对已经渗入网络空间的敌对意识形态言论依法予以事后追惩。第三，构建扬正/控负机制，在通过正面宣传营造良好的舆论生态的同时，抑制个人化叙事的负面印象。

（二）探索中国特色的网络治理路径

根据实际情况与时效要求，通过技术、行政、法律、伦理等路径治理网络空间意识形态。技术治理时效性强，长于对涉及意识形态敏感字词的事前过滤；行政治理针对性强，长于处理具体意识形态事件；法律治理富有刚性，长于对非法意识形态传播的事后追惩；伦理治理更具柔性，长于对网络空间意识形态生态的长效治理。日常治理侧重走伦理与法律途径，危机情形则倾向使用技术与行政手段，将四种手段放入网络空间意识形态安全治理“工具篮”，并随时根据实际情况灵活运用。

二　国际经验的吸收借鉴

（一）借鉴西方先进资本主义国家的治理经验

参照英国、美国等互联网先行者的治理经验，完善我国网络空间意识形态治理体系。第一，建立多元参与的治理体系，以政府为主导，积极发动行业组织与社会公众的力量。第二，完善法律法规体系，以网络安全法为龙头，整合诸多部门规章与规范性文件，增强法律法规的权威性。第三，修订网络安全领域战略规划，坚定捍卫网络空间主权。第四，完善教育、技术、国际合作等系列工作，全面保障网络安全。

（二）筑牢国家意识形态安全防线

首先，在防范层面，一要在政治上夯实政权基础，巩固执政党地位；二要在经济上不断深化改革，惠及民生；三要在外交上勇于发声，拒斥干涉行为；四要在文化上凝聚共识，建设具有强大凝聚力和引领力的社会主义意识形态；五要在法律上完善体系，严格管控；六要在技术上不断创新，严密防范；七要在舆论上正面引导。其次，在应对层面，一要坚决遏制渗透，守好意识形态阵地；二要正面发声，做大做强正面舆论；三要寻求“盟友”，合力击退敌对势力的舆论讹诈。

第二节　面临的问题

近年来，我国网络空间安全治理取得了令人瞩目的成绩，治理技术不断升级、行政监管部门执法有力、法律体系日益健全、行业规范逐渐建立、网民素养大为提高，网络空间的舆论生态日渐“清朗”，网络空间意识形态安全的整体形势大为好转，但也面临不少问题与挑战，主要表现在以下几个方面。

一　网络治理规范顶层设计的针对性不足

在互联网发展现实需要和立法部门的努力之下，近年来，我国各个法律部门借鉴国际经验，制定了相应的法律规范，可以说单个法律部门并不滞后太多。比如，我国刑法对于网络犯罪的规定基本与《布达佩斯网络犯罪公约》保持了一致，我国侵权责任法第三十六条确立了避风港原则，我国著作权法经过修改明确了信息网络传播权制度等。但是，对于那些跨部门或者不在传统法律部门覆盖范围内的新问题，存在大量的立法真空或者简单将传统法律规则延伸到网络思想市场，建立在传统法律部门划分基础上的立法体制在网络环境下面临各种不适应。尤其是网络管理部门与立法部门相互隔离，导致互联网法律制度的整体规划与顶层设计欠缺，重要的互联网立法项目难以进入立法者视野。

因为缺少顶层设计，我国互联网立法之间的不一致现象比较普遍，存在较大的不确定性。比如，我国侵权责任法第三十六条确立了避风港原则，为互联网服务提供商发展提供了法律基础。但是，一些法律或者司法解释，总会有意无意加大互联网服务提供商的法律责任，将互联网服务提供商视为一般的中介服务或者商品市场主体，偏离侵权责任法的规定。比如，在消费者权益保护法2013年修订过程中，理论和实务部门有一种观点认为，网络交易平台就是一个网络商场，平台提供者与卖方的关系类似于柜台租赁关系，消费者通过线下实体商场柜台购物，发生纠纷可以向销售者要求赔偿，也可以向柜台的出租者要求赔偿，消费者通过网络上的商场购物也应享有同样的权利。提交十二届全国人大常委会二次会议审议的消费者权益保护法修正案（草案）第四十三条曾将网络交易平台提供者比照柜台出租者，规定商品销售者或者服务提供者不再利用平台时，消费者可以要求平台提供者承担先行赔付责任。消费者权益保护法虽然最终没有采用这种会从根本上动摇电子商务根基的立法思路，但第四十四条第二款规定“网络交易平台提供者明知或者应知销售者或者服务者利用其平台侵害消费者合法权益，未采取必要措施的，依法与该销售者或者服务者承担连带责任”，还是与侵权责任法第三十六条的规定有较大的距离。类似的立法偏离现象，在食品安全法、广告法修订以及最高人民法院的司法政策中，也都有所体现。

具体到互联网“意识形态安全”领域，我国法律体系没有针对性立法。2016年通过的网络安全法将网络安全定义为包括基础设施、信息系统在内的全方位安全，比较“笼统”，“意识形态安全”相关内容散布其间，主要以“信息内容安全”的名目出现，比较零碎。

二 规范体系呈现法律少规章多的不平衡特征

整体而言，我国互联网领域的法律体系呈现法律法规少，规章制度多的特征。迄今为止制定的互联网法律只有电子签名法、电子商务法、网络安全法以及全国人大常委会制定的《关于加强网络信息保护的决定》和《关于维护互联网安全的决定》，行政法规也不到10部，地方性法规非常少。具体到网络空间意识形态安全领域，仅有少量条款。另外，目前的互联网专门立法主要由部门规章或者规章以下规范性文件构成。简而言之，与我国法律体系由宪法、法律、行政法规与地方性法规支撑的局面迥异，互联网法明显体现的是部门立法特征。部门规章主要包括网信部门制定的《网络信息内容生态治理规定》、《互联网新闻信息服务管理规定》、原国家新闻出版广电总局和工信部联合颁布的《网络出版服务管理规定》、原文化部制定的《互联网文化管理暂行规定》、原国家广播电影电视总局和原信息产业部联合颁布的《互联网视听节目服务管理规定》等，规范性文件主要是网信办制定的，包括《互联网用户公众账号信息服务管理规定》等诸多具体细分领域规范。

互联网领域规范体系的这种结构导致几个明显的问题。一是在部门分隔之下，多数部门就事论事，各自根据职权范围确定立法方向与重点，出现互联网规范体系调整对象越来越细的碎片化倾向，普遍性规则少。互联网立法碎片化，不仅违反技术中立的基本立法原则，使规则缺乏必要的弹性，随信息技术与网络业务形态的快速更新而迅速过时，还会导致规则之间的相互重叠或者缺漏，最终导致规则的盲目膨胀与缺乏可执行性。二是在管辖权限不明确的情况下，少数网络管理部门会不自觉地扩大管辖范围，扩充部门权力边界，立法内容交叉重叠、重点不突出，增加了执法成本。三是在规范的功能和价值层面，更多考虑的是管理需要，强调稳定而缺乏宽容度，导致细分领域的规章制度趋于过度严格，这会影响规范本身的社会认同，增加执行难度。

互联网规范体系中低层次规章过多，必将导致规范的法律效力与可执行性受到影响，减损互联网立法的权威和管理的有效性。网信部门的创制性立法数量较多，制定了各类部门规章，但这些基本上是“一事一立”的形式，整个制度的权威性、严密性不足。

三　行政治理简单搬用现实社会管理方法

事前许可加事后处罚一直是我国各级行政管理部门比较熟悉的管理手段。20 世纪 90 年代中期互联网刚刚在我国出现的时候，政府干预比较少，各种问题也没有那么多。后来，随着问题逐步暴露，加强管理的需要越来越迫切。在没有多少经验可资借鉴的情况下，最初很自然就采用了传统的事前许可加事后处罚的管理方式，以至于各种许可遍地开花，成为互联网管理的主要手段。比如，新浪网首页显示的许可证就有“营业执照”“京网文【2017】10231－1151 号”“互联网新闻信息服务许可编号：11220180001”“互联网药品信息服务（京）－经营性－2019－0026”“京教研［2002］7 号”“电信业务审批［2001］字第 379 号”“增值电信业务经营许可证 B1. B2 - 20090108”“电信与信息服务业务许可编号：京 ICP 证 000007 号”“广播电视节目制作经营许可证（京）字第 828 号”“甲测资字 1100078”“京公网安备 11000002000016 号”等十来个。

以事前许可加事后处罚方式进行管理，管理对象必然非常有限，只能局限于供给端的企业，不可能扩大到需求端的普通大众。在信息（服务）供给与需求二元划分清晰的传统格局下，这种对供给端的管理有其合理性，等于抓大放小，有利于提高管理有效性，降低管理成本。然而，随着“社交媒体”等互联网新兴媒体形式的出现，传统的二元划分格局难以为继，供给（传播）与需求（受传）的界限在快速融合。这种情况下，应该顺应形势变化进行管理方式变革，构筑多元治理体系，以实现对大众供给端的有效管理。简单套用现实社会管理方法，对作为中间平台的互联网服务提供商进行许可管理，偏离了管理重点，虽然提高了行政效率，但也加重了中间平台的负担。

综观我国现有互联网管理规定，绝大多数都将管理对象局限于互联网服务提供商，对网络用户以及互联网信息内容缺少有效的管理手段，网络用户与互联网信息甚至不在规定的直接调控范围之内（经由互联网服务提供商进行管理）。在这种情况下，一旦互联网服务提供商将其服务器设立于境外，以互联网服务提供商为管理对象的管理模式就无法运作。另外，事前许可加事后处罚模式移植到互联网空间，每当出现一种新技术新业态，就必须不断划分管理职责，重新确定主管部门，否则就会无人管理或者争权夺利，既加重市场主体负担，又降低管理实效。

四　行政执法过程中普遍遭遇较多阻力

以事前许可加事后处罚为特点的互联网管理模式，在实际执行中普遍遇到各种阻力。由于互联网领域的立法较为滞后，互联网领域存在大量“灰色地带”，从互联网接入服务、信息内容服务，到上网营业服务场所，都存在许多不规范主体，这时如果只从“正规”“非正规”角度一刀切，自然会遭到一定的执行阻力。

事后处罚同样存在执行遇阻的问题，一些执法部门遭遇阻力时，往往还得打“感情牌”，依靠双方建立的良好关系寻求对方配合，而一些互联网服务提供商出于商业利益或者其他考虑，对于行政执法部门的要求，采取拖延、回避等战术，使行政管理的有效性大打折扣。

五 过度的技术治理导致扭曲的网络舆论环境

网络技术治理意味着对网民一定程度的监控，这些监控既有来自国家有关部门的，也有来自网络服务提供商的。一方面，技术过滤导致的信息发布不畅容易挫伤网民表达的积极性，使他们由网络空间的积极参与者转变为“沉默的大多数”，网络空间的舆论市场也由繁荣转向萧条，经由“沉默的螺旋”效应，那些不易过滤的声音逐渐放大，网络舆论出现“单向度”状态。另一方面，技术过滤可能引发自我审查。自我审查（Self - censorship）主要是指表达者在发表言论之前，对自己认为可能会涉嫌违规的内容提前进行审查，这种违规主要是违背政治正确的一些言论内容。

自我审查在某种意义上对表达形成压制，表达者自我审查之后，说着一些言不由衷的话，“若一个人不能表达自己的意见或不得不放弃他所坚信的信念，内心必定是痛苦的，而当他恐惧受到惩罚而不得不表达他所反对乃至厌恶的意见时，他的人格便开始萎缩。因此言论不自由的时代必定是一个谎言流行、人格扭曲、道德堕落的时代”。[①] 过度的技术治理压制表达的目的在于阻止“错误的”言论在公共领域的传播，营造一个和谐的舆论环境，但结果却可能走向反面，营造出一个表面一派祥和、实质暗流汹涌的舆论环境。从个体层面看，自我审查会造成表达者内心的痛苦；从社会层面看，所谓和谐的舆论环境并非真实的舆论环境，而是扭曲的舆论环境。

六 三类网络效应引发诸多伦理失范

网络去抑制化效应（Online Disinhibition Effect）“指行为主体在网络社会活动中减弱或者完全解除在现实面对面社交中对自身的社会规范约束，

---

① 杨久华：《台湾政治转型过程中表达自由问题研究》，知识产权出版社，2012，第51页。

从而表现出一些在现实社交中不会出现的行为特征”。[1] 网络去抑制化效应导致两种典型行为。一是网络纷争，即在网络中通过言语展开的漫骂与攻击。“一些在现实生活中即使是循规蹈矩的老实人，进入网络后也可能会变得粗暴和富于攻击性。”二是在网络中过度自我暴露，“人们在网络上的表达更直接和较少禁忌，更容易表露出个人内心的情感，暴露自己的弱点和个人隐私”。[2] 网络去抑制化效应导致的后果有好有坏，好的方面包括宣泄心理压力、表达真实自我、增强人际交往等；坏的方面主要是道德弱化引发的网络伦理失范，比如辱骂、诽谤、侵扰、假冒、欺骗、造谣等。比如由于匿名性存在，许多青少年在网络空间中“展现出性格中的另一面，这是他们通常在现实世界中很好地隐藏起来的一面：他们开始自由地表现粗鲁，苛刻地批判他人，鼓动对别人的愤怒与仇恨，甚至恐吓他人”。[3] 在匿名的掩护下，网络空间沦落为一个“公地悲剧”，每个人都在竭力使用这个公共领域，放肆表达言论，网络空间终被各种低俗甚至违法言论所污染。

去个性化效应（Deindividualization Effect），也被称为制服效应（Uniform Effect），是指穿着统一制服的个人，被淹没在群体中，丧失了自己个性的现象。法国社会学家古斯塔夫·勒庞指出，群体中的个人“很难约束自己不产生这样的念头：群体是个无名氏，因此也不必承担责任。这样一来，总是约束着个人的责任感便彻底消失了”。[4] 在互联网空间，只以 IP 地址显示的网民，其身份要么没有标识，要么是一串相似的数字符号，仿佛穿上了统一的制服。这使得个体网民感觉自己隐身在巨大的网民群体之中，进而“出现对自己的言辞不负责任的倾向，出现恶意进行破坏活动、侵犯他人隐私、盗窃他人成果、炮制谣言、人身攻击、散布不负责的虚假信息等诸多挑战网络文明的不道德行为”。[5]

---

① 陈曦：《网络社会匿名与实名问题研究》，人民日报出版社，2017，第 66 页。

② 丁道群、伍艳：《国外有关互联网去抑制行为的研究》，《国外社会科学》2007 年第 3 期，第 67 页。

③ 罗建河：《国外青少年网络欺侮研究述评》，《外国教育研究》2011 年第 4 期，第 50 页。

④ 〔法〕古斯塔夫·勒庞：《乌合之众：大众心理研究》，冯克利译，中央编译出版社，2011，第 16 页。

⑤ 罗明：《网民行为的“匿名制服”心理效应初探》，《辽宁警专学报》2008 年第 4 期，第 51 页。

群体极化效应（Group Polarization Effect）是指“群体讨论使群体成员所持观点变得更加极端的倾向”，这种倾向并不一定将观点分为对立的两派，而是强化了个体原来的观点，“原来保守的趋向于更加保守，原来冒险的趋向于更加冒险”。[1] 从积极方面来看，群体极化效应增强了观点群体的内聚力；从消极方面看，它使观点更加趋于极端，并可能引发、助长网络群体性事件。网络群体性事件是网民在互联网上的非理性聚集，一般起自较多网民对某一话题的参与讨论，但由于网络群体极化效应的存在，这种讨论很快趋于极端，并引发网络群体聚集，甚至发展到利用网络进行串联、组织，进而演变成现实社会的非法集会。具体而言，在网络群体性事件发展过程中，网络群体极化能够起到推波助澜的作用，具体“可以归结为四方面：第一，使海量多源多维信息转变为单一主导信息；第二，使客观真实信息变为片面夸大信息；第三，使个体理性决策变为群体非理性决策；第四，使群体情绪由躁动变为狂热”。[2]

上述三类网络效应，都在一定程度上引发网络伦理失范的产生。

---

① 俞国良：《社会心理学》，北京师范大学出版社，2006，第565页。

② 任延涛：《群体性事件中“网络群体极化”的作用机制研究》，《广西警官高等专科学校学报》2015年第2期，第113页。

第三节　对策与建议

一　保持适度的技术过滤

我国经过多年的部署，互联网治理技术已经比较成熟，方式丰富，途径多样，层次分明，大从国家级网管入口 IP 地址阻断，小从域名过滤，内容关键字阻断，细微处到网吧监控软件、视频锁定系统，大体上把控了网络空间的主体信息走向。但技术过滤不可过度，应遵循必要性原则，甚至保持一定的“谦抑”性。

（一）国家防火墙

中国国家防火墙，国外称为 Great Wall，又称防火长城，来自 Charles R. Smith 在 2002 年 5 月 17 日写的文章“The Great Firewall of China”。[①] 需要指出的是防火长城并不是一个特有的专门的政府单位，也不是中国所特有的，而是分散在各个部门的服务器和路由器等设备中，由相关公司的应用程序组成，事实上大多数国家也创建了网络监管制度，不过大多用在金融、诈骗等犯罪行为。中国的“防火墙”主要对不符合国家利益、危害国家安全的传输内容进行干扰、屏蔽乃至阻断。

早期，中国大陆只有 3 个国家级网关出口，分别是教育网、中国科学院高能物理研究所（高能所）和公用数据网，分布在北京、上海和广州。每个网站都有自己的 IP 地址，在针对境外的 IP 地址封锁方面，它采用了效率更高的路由器扩散技术封锁特定 IP 地址，在平常的网络访问中，管理

① 《奇虎 360 成功加入 GFW 防火长城 为国家安全保驾护航》，环球网，2012 年 7 月 2 日，https：//tech. huanqiu. com/article/9CaKrnJw42U。

员根据网络拓扑给出静态路由，在此前提下，路由器把数据包转发到正确的路由上。而防火长城对于需要封锁的IP地址，会有意配置错误的路由，把原本发向IP地址的数据包引向一个错误的服务器，这些数据包就悄无声息的被丢掉了。或者，为了提高数据包的转发效率，把收到的数据包进行分析统计，获得更多的信息后做一个虚假的回应。IP封锁技术也有局限性，如部分“非法”网站会使用虚拟主机服务提供商的多域名、同IP的主机托管服务，一旦封锁了某个IP地址，那么所有使用同一IP地址服务器的网站用户都不能幸免。

（二）主干路由器关键字阻断

在主干路由器上进行关键字阻断也是网络空间意识形态治理的一项有效技术手段。主干路由器中的“主干”（Trunk）通常是必须能够支持虚拟网络技术的设备，这些设备一般是路由器或交换器，用于连接路由器的就叫做主干路由器。

主干路由器关键字阻断可通过入侵检测系统（Intrusion Detection System，IDS）来实现，它通过检测受保护系统的状态和活动，收集计算机网络的关键点信息并对其进行分析，采用滥用检测（Misuse Detection）或者异常检测（Anomaly Detection）的方式，从中发现网络系统是否存在非授权的甚至是恶意的网络行为，比如发布威胁意识形态安全的信息、泄露国家机密等。

入侵检测系统能够从计算机网络系统中的关键点收集分析信息，过滤、嗅探指定的关键字，识别是否违反安全策略。这套系统一般由数据采集、数据分析和日志输出三大部分组成，网络上的数据包被捕获后，分别经过包解码器进行解码，然后分别通过预处理组件对其进行处理，输出相应的审计日志。在入侵检测系统体系结构中，数据采集部分的作用在于为系统提供数据，捕获的数据需要进行解码，经过解码后的数据提交给分析部门。如果数据流里面的敏感字符符合事先给定的规则，系统主干路由器根据算法将数据包信息与规则信息进行匹配，如果不符合规则，那么用户与服务器的会话连接就会被打断，数据流中断，在终端电脑上显示“该页无法显示”。

当访问一个新闻站点，被请求的页面会发给网民和互联网审查系统，这些页面被审查机器检查是否有违禁词，如果有，通往这个页面的链接就会被中断，不让网民继续从那个站点上获得信息。通常第一次阻断通信时长为2分钟，如果这段时间内用户再次发起通信，那么阻断时长则会被延长到5分钟，如果还要继续尝试第三次，阻断时间会延长至半小时到一小时，如果还是继续多次经常访问“错误”网站，那么这样的用户会被监管部门注意。这种过滤是双向的，国内含有关键字的网站在国外不可访问，国外含有关键字的网站在国内也不可访问。

（三）域名过滤

DNS也就是域名系统，可以看作网页的电话簿，每当用户在电脑端输入一个网址，域名系统就会去检查与这个网站对应的IP地址。我们平常见到的域名，都是字符串的形式，比如www.baidu.com这样的形式，实际上计算机内部是看不懂的，它要通过域名解析（DNS查询）功能把字符串对应到计算机能够识别的网络地址（IP地址，比如202.108.22.5这样的形式）上，然后进行通信，传递网址内容。这里面域名和IP地址之间的转换是通过域名服务器（DNS）来完成的，每一个域名都对应着一个IP地址，对于用户来说，域名要比IP地址好记得多。

域名服务器的过滤器（Filter Server）向某个域名过滤服务提供商提交格式化的域名验证请求，当收到验证请求后，过滤服务器提供商通过SQL语句查询域名验证数据库，返回验证结论给查询者。域名验证数据库中对某个域名的判定会考察多方面的因素，例如域名是否与宗教有关，是否针对某特定年龄段，网页内容的分级是否符合当地法律法规等。有了过滤器，对于那些不希望服务器作出响应的查询，可以直接将它们屏蔽掉并返回一个错误信息，然后结束本次查询。解析过程不再继续，只有那些允许通过的查询才能进入后面的流程。

全球一共有13个根域名服务器（Root Server），目前为止没有一个安装在中国，所以在国内用户访问网络时，不同级别的域名解析服务器会一级一级查询到海外，骨干网络节点的监视系统会捕捉到这样的请求，正常的就放行，在审查范围内的就返回一个假的IP地址，由于假的IP地址返回速度一般都要比真实的IP快，那么浏览器等网络工具就会先认识假的IP地址，从而导致无法访问真的网站。一般用户单从页面根本识别不了这样的技术差别，只知道无法访问这个网站，却不知道，这是网络域名过滤造成的。

2002年开始，中国开始采用域名解析服务器缓存污染技术，防止一般民众访问被过滤的网站，对于含有多个IP地址或者经常变更IP地址逃避封锁的域名，一般会被此技术封锁，一经发现与黑名单关键字相匹配的域名查询请求，伪装成目标域名的解析服务器便会给查询者返回虚假结果。

（四）内容发布过滤

网络内容过滤系统的主要作用是为了规范互联网用户的行为。这是一种内容预审技术，也就是敏感词过滤。与防火墙技术不同，防火墙的主要作用是对特定的IP地址进行过滤，主要是检查、记录和分析管理对象的链接地址，网络数据包的发送和接收，当前的连接状态等，而内容过滤技术过滤的主要是网络应用层中应用程序的数据内容。基于内容理解的网络过滤技术，对获取的网络信息内容进行识别、判断、分类，并最终确定这个内容是否属于要过滤的目标内容。

国内的绝大多数网站、论坛、聊天室以及QQ等即时通信软件，根据影响力不同都会采用或接受程度不同的敏感词预先过滤或延后发布，其结果是任何出现涉及敏感词语的言论不能在网上发表或被删减后才能发表，个人电子邮件或即时消息也会被阻挡或删除。关键词过滤技术虽然有一定缺陷，但能够高效阻止非法、敏感内容的传播，在一定程度上保障意识形态安全。

综合而言，政府对互联网的监管思路是从控制防火墙，到域名管理再到内容过滤。网络舆论生态不会自我净化，但技术已经改变了互联网初创时期的自由无序，技术的本质是代码，代码正在使不能控制变为可控制，代码就是网络空间的“法律”。

上述四种对网络空间进行治理的技术手段，牢固确立了对代码的控制，为政府在广阔的网络舆论中构造了游刃有余的治理空间。面对国际环境“百年未有之大变局”，我国推出的技术治理手段发挥了至关重要的作用，今后还应继续保持，但需视具体情况逐渐升级技术系统，根据网络空间意识形态安全保障情势，强化或放松管制。

二　推进有力的行政监管

做实网络空间意识形态安全的行政治理首先要转变行政治理观念，从“管理型”向“执法型”转变。长期以来，人们一直将行政等同于管理，在我国行政管理实践过程中，由于行政立法滞后，行政治理一直是“管理型”治理。“直至20世纪70年代末80年代初，我国行政各领域尚处于基本无法，甚至完全无法的状态，此时的行政还只是“管理”（行政管理），而不是“执法”（行政执法）。”[①] 直到20世纪80年代中期，我国行政领域的立法逐渐增多，我国的行政治理才逐渐从“行政管理”转向“行政执法”。在网络空间意识形态安全治理方面，我国也存在行政立法滞后的问题，中国于1994年接入国际互联网，对于互联网的行政管理并没有统一的机构，呈现“九龙治水”局面。直到2011年才成立国家互联网信息办公室，其职责虽说也与“网络安全”挂钩，但并未明确提出“网络安全”概念。2014年成立中央网络安全和信息化领导小组办公室，才亮明“网络安全”字样，这距我国接入互联网已经过了二十个年头。此后，网络安全领域的行政立法进程明显加快，为行政执法奠定了坚实的法律基础。

（一）完善行政立法，织密防范法网

中央网信办成立以来，互联网安全行政立法进程明显加快。在行政法规层面有《互联网信息服务管理办法》《计算机信息网络国际联网安全保护管理办法》等，在行政规章层面有《网络安全审查办法》《互联网新闻信息服务管理规定》《互联网信息内容管理行政执法程序规定》等。

为“保护公民、法人和其他组织的合法权益，维护国家安全和公共利益”，2014年8月28日，根据《国务院关于授权国家互联网信息办公室负责互联网信息内容管理工作的通知》（国发〔2014〕33号），国务院授权重新组建的国家互联网信息办公室“负责全国互联网信息内容管理工作，并负责监督管理执法”。作为互联网信息行政管理机构，国家网信办应依

① 杨勇萍、李祎：《行政执法模式的创新与思考——以网络行政为视角》，中国法学会行政法学研究会2010年会论文集，2010，第315页。

照国务院授权，从执行性立法和创制性立法两方面加强网络空间意识形态安全的行政立法工作。在执行性立法方面，及时制定网络安全法等相关法律的实施细则，推动网络安全法落地。在创制性立法方面，在创建“意识形态安全”方面新规章的同时，对现有规章和规范性文件进行梳理，将其系统化，并推动相关规章升级为国务院层面的行政法规。

（二）加强行政执法，加大追惩力度

网络空间言论类型多样，对不同类型的言论应该进行价值区分，“高价值言论”应给予一定的宽容度，“低价值言论”则应进行严格审核，那些危及我国意识形态安全的言论则完全无价值可言，反而是“负价值言论”，应该作为最严重的非法有害信息予以严格禁止。

一是加强执法部门间的协调机制，实现协同执法。以网信办为主，统筹协调各行政力量，构建规范化行政执法体系。这方面要处理好的问题主要是处理好分权与协同的关系，要明确网信、工信、公安等各部门权限，既要联动，又要各负其责。要避免职权界限不明导致的相互推诿；职权范围交织导致的重复执法；权责配置扭曲导致的奖懒罚勤等问题。[①] 在具体操作上，可由网信部门牵头建设一个统一的网络执法信息平台，实现各执法部门的信息共享，形成以网信部门为龙头的“1 + X”执法模式，节约执法成本，提高执法效率，发挥合力。二是建设网络安全举报平台，构建完善的投诉举报激励机制，利用网民力量，建设“平台 + 网民”的全方位监督模式。三是丰富执法手段与途径，除传统的依法约谈、限期整改、行政处罚、公开曝光等手段外，探索非现场执法方式，通过网络等手段，提高执法效率。四是开展专项整治行动，针对网络空间一定时间段频密的意识形态言论，需加强甄别，开展专项整治行动。各级网信部门已经开展了“清朗”“网剑”“网上扫黄打非”等专项整治行动，一般针对网络色情信息、低俗庸俗信息、网络暴力、网络恶意营销、网络谣言与虚假信息、网络侵犯公民个人隐私等。

（三）通报典型案例，影响舆论生态

典型报道是中国共产党宣传工作的有效手段之一，在延安时期发挥了

---

① 林凯：《2018 网络安全执法分析报告》，《犯罪研究》2019 年第 6 期，第 59 页。

很好的宣传作用。典型报道主要报道先进人物、先进经验，以带动群众投入生产与建设劳动。典型报道的宣传思想源自毛泽东的党报理论，其源头可以追溯到列宁关于“红榜”“黑榜”的论述。在苏联经济建设过程中，列宁希望通过“榜样的力量”带动生产建设，同时，他还要求把那些坏的典型登上“黑榜”，“各社会主义政党要把那些不接受整顿自觉纪律和提高劳动生产率的任何号召和要求的企业和村社登上黑榜，把它们或者列为病态企业，要采取特别的办法（特别的措施和法令）把它们整顿好，或者列为受罚企业，把它们关闭，并且应当把它们的工作人员送交人民法庭审判”。[①]

列宁关于“黑榜”的思想实质上是想通过公开“反面典型”的方式促进生产建设，这一思想在如今的网络空间意识形态安全治理过程中具有很强的指导意义。在网络空间意识形态安全治理实践中，出现了许多“反面典型”案例，向全社会通报这些案例会起到较强的警示教育作用，明确意识形态安全标准，阻吓网络空间中越过意识形态安全红线的少数人群。如在新冠肺炎疫情常态化防控时期，网络空间就出现了一些不当言论，这些不当言论虽然在网络上遭到了广大网民的声讨，但仍需政府有关部门严格处理并作为“反面典型”进行通报，从而起到警示作用，在广大网民中树立起网络安全的“篱笆”。如果危害国家意识形态安全的言论久拖不决，不处理不通报，则会对国家形象甚至制度造成侵蚀。

三 构建完备的法律体系

当前，我国所面临的网络空间意识形态安全形势并不乐观，特别是新冠肺炎疫情突袭而至以来，我国舆论环境生态明显恶化，网络空间意识形态安全遭遇国际敌对势力及国内“异见”分子的挑战，完善意识形态安全治理法律体系变得更为紧迫。

（一）加强顶层设计，升级国家网络安全战略

2016 年 12 月，国家互联网信息办公室发布了《国家网络空间安全战

---

① 列宁：《〈苏维埃政权的当前任务〉一文初稿》，中文马克思主义文库，https：//www.marxists. org/chinese/lenin - cworks/34/010. htm。

略》，该战略从“机遇和挑战”“目标”“原则”“战略任务”四个方面对我国网络空间安全进行了顶层规划。“挑战”部分所列“网络渗透危害政治安全”“网络有害信息侵蚀文化安全”“网络恐怖和违法犯罪破坏社会安全”“网络空间的国际竞争方兴未艾”等方面均与意识形态安全相关。“战略任务”包括九个方面，其中“坚定捍卫网络空间主权”“坚决维护国家安全”“打击网络恐怖和违法犯罪”等内容均与意识形态安全直接挂钩。

《国家网络空间安全战略》已制定数年，网络空间安全形势又有新的变化，需要对其进行调整与升级。在战略升级过程中，我国需要充分吸收国外网络安全战略中的经验教训，结合中国实际与时代背景，不断升级网络空间安全战略。一要明确指出我国的网络安全战略目标，并在正文或附录的适当部分对网络安全战略中所涉及的核心概念作出清晰准确界定，减少概念模糊与歧义，提升国际合作中兼容互通性；二要围绕战略总目标，规划战略的侧重点，并对战略任务进行细化，制定具体工作任务，并将任务分配至具体执行部门；三要整合国内资源，建立网络安全战略任务的具体执行机构，如美国以美国国家安全局、中央情报局和国土安全部为核心，组建了网络安全“三驾马车”，形成了完备的网络安全治理执法体系。我国也应在中央网络安全和信息化委员会的统一领导下，执行网络安全战略任务和具体任务；四要重视网络安全智库建设和网络安全人才培养，可以考虑设置网络安全顾问团队，如美国总统就聘有专门的国家网络安全顾问。同时，还应加强网络安全技术的研发工作及网络安全人才的培养，从2016年起，我国网络人才培养工作开始发力，从网络安全学科专业和院系建设，网络安全人才培养机制，网络安全师资队伍建设等方面调动高校、企业的积极性，培养网络安全人才。2017年8月，西安电子科技大学、北京航空航天大学、战略支援部队信息工程大学等七所高校，获评首批一流网络安全学院建设示范项目高校。但我国网络安全人才培养工作还处于起步阶段，尚需予以大力支持，尽快培养一批“靠得住、本领强、打得赢”的网络安全人才。

（二）制定基本法律，完善中国网络安全法律体系

我国网络空间的立法起步不晚，但法律数量较少。如2000年12月，

全国人大常委会就颁布了《关于维护互联网安全的决定》，但较为简单。此后，网络空间的立法工作几乎停滞，除了2004年通过电子签名法规范民事领域的签名行为外，2012年前，几乎没有法律通过。互联网领域的行为主要通过行政法规以及更低层次的规章制度来规范。直到2012年才又出台了一个《关于加强网络信息保护的决定》，而网络安全法则直到2016年才出台。行政法规层面的规范也不多，仅有不到10部法规。其中，涉及网络安全的主要是《中华人民共和国计算机信息系统安全保护条例》和《计算机信息网络国际联网安全保护管理办法》，但这两部法规的侧重点并不在于意识形态安全，与意识形态安全相关的主要是《互联网信息服务管理办法》。可以看出，目前我国针对网络安全的法律法规数量少、位阶低，尚未形成完善的网络安全规制法律体系。

党的十八届四中全会提出要“加强互联网领域立法，完善网络信息服务、网络安全保护、网络社会管理等方面的法律法规，依法规范网络行为”。立法部门应抓住网络空间治理紧迫性背景，大力促进网络安全规制法律体系的完善。首先，要在法律层面制定总揽全局的网络基本法律，当前可以考虑在网络安全法的基础上，再制定一部网络信息传播法，规范网络空间的信息传播行为，制定该法可以当前的行政法规《互联网信息服务管理办法》为基础，对其进行升级，并在具体条款中完善“网络安全”相关内容。其次，要以网络安全、网络信息传播等基本法律制度为核心，制定其他专门法律法规，同时辅之以民法典、刑法、反恐怖主义法等其他法律中的相关条款，增强威慑力，重点打击网络空间意识形态违法言论、网络恐怖主义言论、网络谣言、网络渗透等违法犯罪行为。最后，适时修订修正现有法律及其条文，明确规定网络空间意识形态安全的原则、内容、程序、法律责任、救济措施、负责部门等，以弥补现有法律法规中的立法冲突与空白，提高法律适用性与配合度，划清管理部门职责界限，增强网络空间意识形态安全的执行力。

（三）兼容国际公约，提高中国网络法律国际合作能力

网络安全的维护与网络舆论生态的有效治理，有赖于国际社会的共同参与。我国应对欧洲委员会出台的《网络犯罪公约》以及各国的网络安全战略及立法展开深入研究，分析其他国家网络安全战略可能对我国产生的

影响，提出有关应对措施，避免落入他国的“战略防御网络”。在制定本国网络安全战略和相关法律时，需适时将国际条约中体现的立法观念转化为国内法，提高我国网络空间法律的国际兼容度，助力我国司法部门对网络犯罪案件的审理。

同时，国家应积极参与网络安全国际交流，借助国际合作平台及时发声，有效回应并消除国际社会对中国网络安全治理的质疑与疑虑，加大国际网络话语权建设力度，增强中国话语的吸引力，提升我国在网络安全治理领域的话语权，促进网络治理国际规则的形成，树立网络治理负责任大国形象。

四 鼓励自律的伦理操守

网络伦理治理是一个复杂的系统工程，需要靠公众的道德自律，网民媒介素养的提高以及网络文化建设等各方面的治理才能够使网络空间得到净化，获得有秩序的发展。网络自律是指这些从事新闻信息登载的网站自己制定守则、规定，对自身的新闻传播活动进行道德约束和行为规范。由中共中央、国务院2019年10月印发实施的《新时代公民道德建设实施纲要》就专门设置了“抓好网络空间道德建设”部分，从“加强网络内容建设”“培养文明自律网络行为”“丰富网上道德实践”“营造良好网络道德环境”四个方面提出了网络道德建设的重点任务。

（一）促进传播主体自律

相较于法律、行政、技术等刚性的他律来说，自律是一种软性的具有引导性的伦理规范。它通过社会舆论、传统习惯和人们的信念起作用。道德自律是一个自我提升、自我约束的过程，“从我做起”是关键，建立积极向上的高尚道德人格，用一种负责严肃的态度，通过道德实践培养起独立选择、判断的能力，从而自觉维护网络社会的伦理规范。网络传播主体是网络空间的建设者和使用者，只有加强对网络传播主体的职业道德和社会道德的教育，才能构筑起网络空间的道德规范，杜绝非法有害信息的传播行为。网络传播主体主要包括网络运营者及其从业者，网络传播主体的自律主要指网络运营者自律、网络从业者自律、网络行业自律等方面。

在网络运营者自律方面，从事信息传播的网络运营者都设有网络服务条款、隐私声明、免责声明、网络版权声明等，并且各运营者在其网站的二级栏目之下还有一些更为具体的栏目管理条例，如电子邮件协议、手机短信协议、微博管理规定等。这些管理规范的设定，主要是互联网网站为了树立自己良好的公共形象，完善内部管理。我国新闻类网站的管理规范倾向于对网站自身权利的强调，因此在网站首页多以“网站声明”“版权声明”“法律声明”等形式出现。如人民网的“网站声明”针对其网站信源、业务范围等进行说明，对其版权、商标权进行维护，强调对自我权利的维护。商业门户网站较之新闻类网站的管理规范，更注重对用户隐私问题的说明，其管理规范一般都会把隐私保护条款列于首要位置。如新浪网的“隐私保护条款”，对用户信息收集的类型、“敏感信息”的保护、隐私权原则、个人信息的更新方法等进行了说明。这些网站的规范在实施方面呈现出两个特点：一是以相互尊重与协商为前提；二是依赖自律。规范对行为的约束只是一种软性的约束，如东方网在其“会员服务条款”的最后注明：“这份条款只为方便会员查阅，没有任何法律与契约效力。”网站的服务条款、免责声明等在法律层面都是没有实质性效力的，它们作为一种软性规范，主要依赖于自律。

在从业者自律方面，专业的新闻工作者是新闻网络道德建设中的重要部分，在“点击为王”的今天，不少新闻采编人员为了吸引读者、追名逐利，不惜违背新闻职业道德，出现了诸如媒体审判、新闻侵权、二次伤害、新闻敲诈、过度渲染“星腥性”等伦理失范现象。要避免这些事情的发生，新闻从业者必须要加强自律，从以下几个方面做起：（1）强化社会责任意识，秉持公共利益至上的原则，弘扬人道主义精神，注重保护个人隐私；（2）强化职业伦理意识，明确自己承担的责任与义务，把握尺度，适可而止；（3）遵循新闻传播规律，对新闻坚持客观、冷静的报道，遵循真实、客观、公正、全面的原则。从 2013 年起，全国各地成立了新闻道德委员会，2015 年 12 月，全国范围的新闻道德委员会在中国记协成立，新闻道德委员会把各级各类新闻媒体和从业人员纳入监督范围，通过新闻评议、媒体道歉、通报曝光等方式，加强从业者职业道德建设，促进从业者自律。

在行业自律方面，构建网络行业自律首先要建立行业自律组织，我国网络行业组织主要是2001年5月成立的中国互联网协会，是由中国互联网行业及与互联网相关的企事业单位、社会组织自愿结成的全国性、行业性、非营利性社会组织，接受登记管理机关中华人民共和国民政部和业务主管单位工业和信息化部的业务指导与监督管理。该协会成立以来，主要做了四个方面的工作。一是出台了一批自律公约，如2002年3月公布的《中国互联网行业自律公约》，2011年推出的《中国互联网协会关于抵制非法网络公关行为的自律公约》和《互联网终端软件服务行业自律公约》；二是成立了一批工作委员会，如2003年8月成立的“新闻信息服务工作委员会”，2004年6月成立的“互联网新闻信息服务工作委员会”，2005年12月成立的“反垃圾邮件工作委员会”；三是组建了一批自律同盟，如2004年9月成立的中国无线互联网行业“诚信自律同盟”，2007年成立的“绿色网络联盟”、2008年成立的“反垃圾信息联盟”；四是成立一批问题受理与解决中心，如2006年2月成立的“互联网电子邮件举报受理中心”，2008年先后成立的“12321网络不良与垃圾信息举报受理中心”与“中国互联网协会调解中心”。

自律重在道德约束，“慎独”式的自我良心约束效果有限，行业协会、从业者协会类自律组织应设立曝光平台，加大曝光频次与力度，将内部良心压力与外部舆论环境的压力相结合，进一步强化自律效果。

（二）提升网民媒介素养

媒介素养（Media Literacy）是指“人们面对媒体各种信息时的选择能力、理解能力、质疑能力、评估能力、创造生产能力和思辨反应能力”。[①] 移动互联网时代，信息超载，网民如何处理所接触到的信息，尤其是否具备质疑和批判意识与能力就尤为重要。同时，提高网民的媒介素养也可以起到整合社会共识、促进社会和谐的作用，具体可从以下三个方面做起。

一是进行并接受媒介素养教育。在“人人都是记者”的社交媒体时代，必须加强网民媒介素养的教育。在教育内容上，一方面要有意识拓展自身

---

① 冉然：《关于自媒体时代公民媒介素养研究——以微博为例》，《新闻研究导刊》2015年第14期，第94~96页。

新闻传播知识水平，了解媒体的性质、新闻传播规律、新闻传播中的信息流动与把关等内容；另一方面要提高网络与新媒体素养，对移动互联网时代的媒体新特征、智能写作与推荐、媒介融合、全媒体内容创作、网络舆情监测与研判等内容进行针对性学习，有效提高新媒体素养。在教育形式上，短期而言，可以利用新媒体和传统媒体，多渠道传播媒体的专业知识，让网民在不知不觉中提高媒介素养，在面对纷繁复杂的信息时，能够加强对信息的专业性判断，学会理智思考，提高信息传递水平；长期而言，可考虑在义务教育阶段开设网络媒介素养教育课程，编写符合青少年成长特点的网络媒介素养教材，从小培养他们信息的获取、辨识及使用能力，并逐渐将网络媒介素养教育覆盖全民。政府理应为媒介素养教育提供政策、资金以及人才等各方面的支持，积极组织媒介素养的教育活动，使媒介素养真正走向大众，深入人心。

二是树立正确的信息传播观念，提高媒介批判能力。网民应该学会全面性阅读信息，有选择性地看待信息，提高对信息筛选、过滤和评价的能力。对于一些新闻事件的报道，网民需扫描式或浏览式加以阅读，了解基本的客观信息，树立正确的信息传播观念，保持批判和质疑的眼光及清醒的头脑，分清是非曲直，对于吸引眼球的“标题党”和“噱头”提高甄别能力，认真对待自身的媒介使用行为。即作为信息接收者之时，要有选择的接收网络信息，确保自身不受不良信息的侵害；作为传播者之时，在发布信息或者转载信息时应该规范自己的言行，意识到伦理道德的重要性，承担在网络公共领域的责任和发挥积极作用，严格自我把关，不传播虚假不实的言论。

三是增加个人修养，提高伦理道德与法律意识。网民应该意识到，在网络空间，言论自由并非无所顾忌，而是一种责任，要受到社会道德的制约，现实环境中的社会道德标准在虚拟环境中同样需要网民的自觉遵守。因此，网民应该提高个人修养和自律意识，明确自己在网络中可以做什么，应该怎样做，增强社会责任感，自觉维护网络秩序。同时，要提高自己的法律意识，在网络传播过程中自觉维护他人的隐私和合法权益，避免因不满、愤恨等情绪实施“人肉搜索”和“网络暴力”等违反道德和法律的行为。当然，在面对侵权问题时，也要敢于发声，维护自身权益，坚决同不道德的网络侵权行为做斗争。特别是应该遵守网络安全法相关规定，做好自我言论的规范管理，自觉维护国家意识形态安全。

（三）推动网络社区自治

网络社区是指“以论坛（BBS）为基础的核心应用，包括公告栏、群组讨论、在线聊天、交友、个人空间、无线增值服务等形式在内的网上互动平台，同一主题的网络社区集中了具有共同兴趣的访问者”。网络社区分为两种类型：第一，以涉及公民财产的商业交易为主，例如淘宝社区、京东社区、当当网和网络游戏社区等；第二，以信息传播和言论社交为本，例如微博、微信、QQ 社区。网络空间意识形态言论生发的场域主要在第二类。网络社区在发展的同时也产生了层次丰富的网络社区自治规则，在解决网络思想市场的纠纷、网民道德行为规范和净化网络环境等方面起到了重要的作用，下一步还需要从以下几个方面继续推动网络社区自治。

一是进一步完善社区伦理准则体系。一般网站都有自己的章程规则。这些规章制度一般都从宏观角度制定进入社区或成为社区成员而必须遵守的规则，包括一些禁止性规定和处罚规定。以新浪微博社区为例，其社区规则体系完善，用户要使用微博首先要同意《微博服务使用协议》，该协议第一条明确规定：“微博服务使用人（以下称‘用户’）需在认真阅读及独立思考的基础上认可、同意本协议的全部条款（特别是以加粗方式提示用户注意的条款）并按照页面上的提示完成全部的注册程序。用户在进行注册过程中点击‘同意’按钮（或实际使用微博服务）即表示用户完全接受本服务协议及新浪网络服务使用协议、微博社区公约、微博商业行为规范办法、微博举报投诉操作细则及微博运营方公示的各项规则、规范。如用户对本服务协议或协议的任何部分存有任何异议，应终止注册程序（或停止使用微博服务）。”除《微博服务使用协议》，本条内容提及的规则还包括《新浪网络服务使用协议》《微博社区公约》《微博商业行为规范办法》《微博投诉操作细则》等。此外，微博社区还出台了《新浪微博社区管理规定（试行）》《新浪微博个人信息保护政策》《新浪微博社区委员会制度（试行）》等制度文件，其中《新浪微博社区委员会制度（试行）》明确微博社区自治规则，委员会成员通过公募产生，下分普通委员会和专家委员会，普通委员会成员总数量为5000～10000名，全部在符合条件的主动报名者中产生，主要负责判定用户纠纷；专家委员会成员总数量为1000～1500名，全部由普通委员会成员晋升产生，主要负责判定不实信息和复审举报。在网络安全法出台以后，各网络社区还应结合网络安全法的相关规定，完善本社区规则，把爱国、敬业、诚信、友爱等社会主义核心价值观带入网络社区自治过程中。

二是鼓励网民参与制定网络自治规则。"当互联网进一步纵深发展，网络用户将取代网络平台成为规则构建关注的核心，这会推动网络社区自治规则构建理念的改变。一种新型的假设模式可能出现：国家公权力通过立法模式赋予与网络平台利益无涉的全国性民间中立机构，组织各种网络社区民众制定网络社区自治规则。"[①] 在网络社区的伦理治理过程中，网络平台应积极推动网民参与制定网络自治规则，一方面彰显网民与网络平台的对话地位，体现传播者与受传者的互动性与平等性。另一方面吸纳网民参与规则制定，可使规则更为全面，提高其合理性与可操作性。

三是建立网络赏罚机制，引导树立正面典型。网络信息鱼龙混杂，质量参差不齐，网络社区应该对网络成员进行明确的赏罚，奖优罚劣，维护清朗的网络环境。各个网络社区的管理者要增强责任意识，保持网络社区环境的健康有序，发现不道德的网络言行要及时处理，并予以通报，让网民对优劣标准与言论界限有清晰的认知，从而对标规范自己的言行，同时为自己的言行负责。对于违反规则的人可以采用在社区内公示批评或者予以警告的方法进行道德惩罚，如有再犯，就进行封号禁止发布不负责任的言论。反之，对于那些在网络中传播正能量、弘扬社会主义核心价值观的人要进行奖励，通过奖励积分等方式，树立具有正面导向作用的典型，发挥榜样的作用。

四是充分发挥"意见领袖"的作用，提高正面舆论引导。网络社区中的意见领袖往往有较高的知名度，他们的"吸粉"能力强，引导力、影响力不容小觑。因此，为了对网络社区进行舆论引导，应该创建一支"意见

① 夏燕：《网络社区自治规则探究——以"新浪微博"规则考察为基础》，《重庆邮电大学学报》（社会科学版）2017年第4期，第51～57页。

领袖”队伍，鼓励有一定影响力的知名人士及社会团体开通认证社区账号，发挥其社会影响力。“意见领袖”们能够紧跟时代潮流，熟知网络社区中网络用户应用网络的最新情况，迅速掌握第一手资料和信息，及时掌握网民的言论动向，在关键时刻可以强化主流意见，孤立不良意见，提高正面的舆论导向。同时，“意见领袖”队伍应该树立正确的价值观，熟悉网络社区中的各项规则，在网络社区中发挥积极作用，从而引导网民树立正确的“三观”，坚持道德底线。

（四）加强网络文化建设

“网络文化道德建设不仅是网络如何健康发展的问题，更是我国意识形态话语权建设的重要问题。网络空间意识形态斗争关乎网民的道德意识、思想行为，关乎国家民族的兴衰成败，必须用马克思主义科学理论、社会主义核心价值观以及社会主义先进文化占领网络思想文化阵地，抓好互联网等新兴媒体的建设、利用和管理，强化网络道德建设，掌握网络空间意识形态话语权和主动权。”① 不良网络文化的负面效应突出，主要表现在以下几个方面：（1）网络内容庸俗化、低俗化传播错误的价值观和生活理念；（2）信息轰炸造成审美疲劳；（3）过度的商业营销和炒作破坏网络经济环境和商业信用；（4）信息污染、语言暴力影响青少年的健康发展；（5）网络文化的殖民化消解文化自信等。

一要在网络空间大力弘扬中国传统文化、革命文化、社会主义先进文化。在官方网站的建设方面，要充分利用新媒体的特点，运用 H5、动漫、直播等新传播手段，推出传统文化、革命文化、社会主义先进文化精品，提高网络文化的吸引力和影响力，占领网络文化主阵地。同时，对网络多样性的非主流文化、新兴文化采取“兼容并包”方针，发展新兴的网络文化，使其在网络空间中焕发活力，共同促进网络文化繁荣。

具体而言，网络文化建设应从如下几个方面入手：（1）推动网络文化精品工程，利用中国传统文化、革命文化、社会主义先进文化资源打造一批文化精品佳作；（2）通过物质和精神两方面的奖励手段，支持网络文化

① 曹天航：《网络文化的道德规范》，《南通大学学报》（社会科学版）2017 年第 6 期，第 73 ~ 78 页。

优秀创作人脱颖而出，像打造“名记者、名主持人”一样，打造一批“名网络写手、名网络主播”作为网络文化传播的中坚力量；（3）考虑设置网络文化基金项目，支持一批优秀网络文化站点，社区推出有特色的文化频道、文化系列产品；（4）考虑设置专门的国家级网络文化奖项，或者将网络文化精品纳入国家级文学奖、新闻奖等国家级奖项范围，促进网络文化作品产量与质量的提高。

二要构建网络文化安全防范机制。文化安全是指一国的观念形态的文化（如民族精神、政治价值理念、信仰追求等）生存和发展不受威胁的客观状态。当前我国网络文化安全面临西方文化渗透与入侵的局面，部分西方国家“借助于各种手段和途径向中国推销西方的价值观念、政治模式、生活方式等，争夺思想文化阵地，争夺文化主权。这些手段和方式除了借助于文化交流、文化贸易向中国倾销文化产品、争夺中国的文化资源和文化市场份额外，还要利用互联网发动文化入侵，从而对中国文化安全构成极大威胁”。[①]

对于网络文化安全防范体系的构建，应从以下几方面入手。（1）建设一个网络文化安全监测平台，科学建构网络文化安全评价指标体系，对网络文化安全领域的网络舆情进行常态化监测、分析与研判，确保尽早发现危机苗头，并及时预警。（2）组建一支网络文化安全管理队伍，强化领导班子队伍政治素质，提高一线工作人员的业务素质，随时关注网络文化安全状态。（3）落实网络文化安全责任制，明确网络平台、网络从业人员、网民的责任与义务，同时，严格对照网络安全法开展自查自纠，鼓励健康及正能量信息，杜绝不良消极信息，确保网络文化的安全有序。

三要在各级学校开展网络文化建设，树立青少年的文化自信。在各级各类学校开展网络文化教育，关系到对青少年学生网民的争取，关系到青少年学生正确“三观”的形成，进行网络文化建设首先应该增强各级各类学校师生的网络文化自信，并推动师生主动参与到网络文化建设中来，教师要把教书育人从课堂扩展到网络空间，通过“公开课”“共享课”等网

① 涂可国：《当代中国网络文化安全建设》，皮书网，2018 年 8 月 23 日，https://www.pishu.cn/psyc/psyj/524313.shtml。

络课程形式，创新教育内容，将网络文化教育形式和思想政治教育结合起来，利用网络空间塑造学生的“三观”，引导青少年学生理性参与网络文化建设。同时，青少年自身也要深入学习网络文化传播规律，掌握网络新媒体传播技能，主动唱响主旋律、传播正能量，在网络空间弘扬爱国主义精神，涵养中华民族共同体意识，进而筑牢网络空间意识形态安全防线。

后 记

本书是重庆市哲学社会科学规划重点项目“网络空间意识形态安全治理体系研究”（项目编号：2017ZDYY14）的研究成果。

意识形态作为学术兴趣是个人境遇延展的结果。博士毕业后，我总感觉作为教师度过一生，生命的宽度过于狭窄，甚至有一种一眼望到头的恐慌，上课下课直到退休。于是到学校宣传部门历练了四年，研究的视野也从单纯的新闻传播学扩大到意识形态领域。2017 年申报课题后，随着研究的深入，越来越觉得新闻传播与意识形态本来就是融为一体的，新闻，终归只是政治的幻象。

2017 年申报课题时，预计的研究期限是一年半，而实际研究过程则持续了三年，直到 2020 年暑期方告结题。这三年也是网络空间意识形态形势发生沧桑巨变的三年，虽然仍旧存在西方意识形态渗透和各种杂音，但整体而言，清朗的网络空间已基本建立起来。如今，书稿即将付梓，离课题结项又过了一年半，网络空间意识形态形势已根本扭转，《中共中央关于党的百年奋斗重大成就和历史经验的决议》明确指出：“党的十八大以来，我国意识形态领域形势发生全局性、根本性转变，全党全国各族人民文化自信明显增强，全社会凝聚力和向心力极大提升。”

本书虽然由我设计总体框架和写作大纲，却是集体智慧的结晶。在课题研究过程中，课题组成员李珮、张北坪、李韧等对课题推进给予了大力支持。我的研究生全程铂、贾哲、喻巧琳、杨龙云、赵雨、罗琰参与了资料收集、初稿章节撰写等工作。在此，对他们表示由衷的感谢。最后，还要感谢重庆市社会科学规划办公室、西南政法大学新闻传播学院、社会科学文献出版社的大力支持。

由于能力所限，本书定有许多疏漏与不足之处，期待专家学者同行们的批评指正。

张治中

2022 年 1 月 20 日于重庆

图书在版编目（CIP）数据

网络空间意识形态安全治理体系研究 / 张治中著. -- 北京：社会科学文献出版社，2022.10（2024.6 重印）
（西南政法大学新闻传播学系列丛书）
ISBN 978 - 7 - 5228 - 0348 - 7

Ⅰ.①网… Ⅱ.①张… Ⅲ.①互联网络 - 意识形态 - 网络安全 - 研究 - 中国 Ⅳ.①TP393.08

中国版本图书馆 CIP 数据核字（2022）第 111701 号

·西南政法大学新闻传播学系列丛书·
网络空间意识形态安全治理体系研究

著　　者 / 张治中

出 版 人 / 冀祥德
责任编辑 / 李　晨
文稿编辑 / 陈　冲
责任印制 / 王京美

出　　版 / 社会科学文献出版社·法治分社（010）59367214
地址：北京市北三环中路甲 29 号院华龙大厦　邮编：100029
网址：www.ssap.com.cn
发　　行 / 社会科学文献出版社（010）59367028
印　　装 / 唐山玺诚印务有限公司

规　　格 / 开 本：787mm × 1092mm　1/16
印 张：12.25　字 数：190 千字
版　　次 / 2022 年 10 月第 1 版　2024 年 6 月第 3 次印刷
书　　号 / ISBN 978 - 7 - 5228 - 0348 - 7
定　　价 / 79.00 元

读者服务电话：4008918866